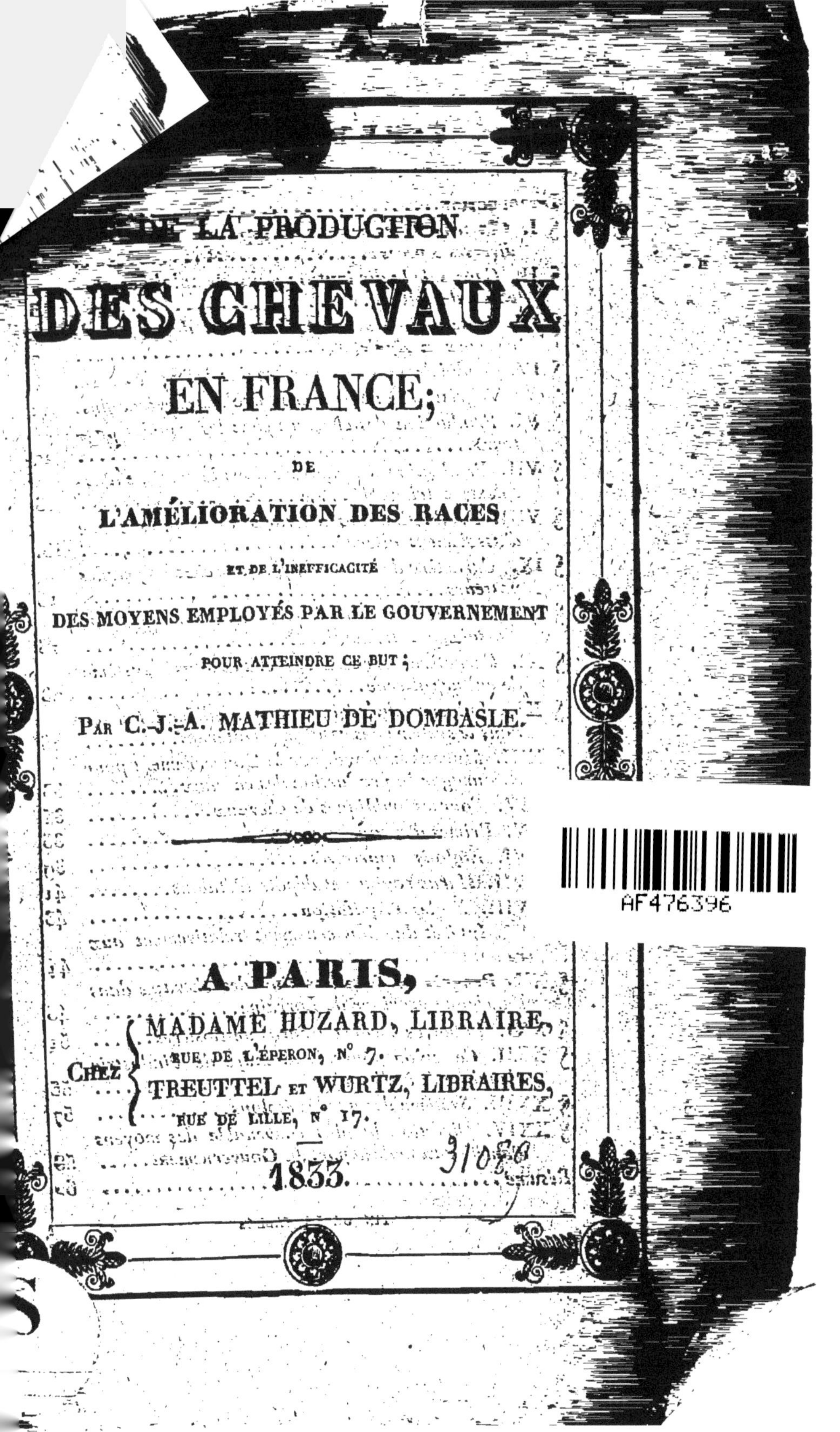

DE LA PRODUCTION

DES CHEVAUX EN FRANCE;

DE

L'AMÉLIORATION DES RACES

ET DE L'INEFFICACITÉ

DES MOYENS EMPLOYÉS PAR LE GOUVERNEMENT

POUR ATTEINDRE CE BUT;

PAR C.-J.-A. MATHIEU DE DOMBASLE.

A PARIS,

CHEZ MADAME HUZARD, LIBRAIRE, RUE DE L'ÉPERON, N° 7.
TREUTTEL ET WURTZ, LIBRAIRES, RUE DE LILLE, N° 17.

1833.

TABLE DES MATIÈRES.

FIN DE LA TABLE.

DE LA PRODUCTION
DES CHEVAUX
EN FRANCE;
DE L'AMÉLIORATION DES RACES
ET DE L'INEFFICACITÉ DES MOYENS EMPLOYÉS PAR LE GOUVERNEMENT POUR ATTEINDRE CE BUT.

INTRODUCTION.

Il n'est aucune branche de l'art agricole sur laquelle on ait plus écrit que sur l'amélioration des races de chevaux ; et il n'en est aucune dont le gouvernement se soit occupé avec plus d'activité et de persévérance ; je prie néanmoins qu'on me permette d'aborder encore ce sujet, en l'envisageant d'une manière plus agricole qu'on ne le fait communément, et en examinant de plus près ses divers rapports avec la pratique de l'agriculture.

L'éducation des animaux en général forme incontestablement une des branches les plus importantes de l'art agricole ; et de toutes les espèces d'animaux, *il* n'en est sans doute aucune qui offre un plus haut degré d'importance et d'intérêt que le cheval, soit pour l'agriculture elle-même, soit pour la société en général : l'agriculture y trouve non seulement un produit important de son industrie, mais aussi un de ses principaux moyens d'action ; et dans l'état de civilisation où sont parvenues nos sociétés, l'espèce du cheval doit être considérée comme formant un des objets les plus importans de la richesse publique, et comme un des ressorts les plus essentiels de l'industrie.

De même que toutes les autres productions industrielles, celle des chevaux est assujettie à une loi générale qui exige que les producteurs consultent avant tout les besoins de la consommation; car rien ne se produit avec profit, que ce qui trouve un débouché assuré. Les chevaux, dans l'état avancé de nos sociétés, s'emploient à des usages très-variés, qui exigent pour chacun des qualités particulières que les éleveurs doivent rechercher, selon la classe de consommateurs à laquelle ils les destinent; il convient donc de jeter d'abord un coup d'œil rapide sur les diverses espèces de chevaux que réclame le commerce, c'est-à-dire la consommation du pays.

§ I. *Classement des besoins du pays en chevaux de diverses espèces.*—L'espèce des chevaux de trait, c'est-à-dire, ceux que l'on applique généralement au roulage ou aux autres services du même genre, a reçu une très-haute importance par les immenses développemens qu'a pris le commerce depuis un demi-siècle; et sans compter la multitude de chevaux de trait qui sont employés comme moteurs dans un grand nombre de genres d'industrie, et de ceux qui sont employés au halage des bateaux, le long des canaux et des rivières navigables, toutes les routes de la France sont constamment couvertes d'un nombre tellement considérable de chevaux de roulage, que l'on doit sans doute mettre cette classe de la race chevaline au premier rang, sous le rapport de l'importance, et des besoins de la consommation.

Il est cependant un autre genre de chevaux dont l'importance ne le cède guère aujourd'hui à celui dont je viens de parler : c'est celui des chevaux de postes et de messageries. L'activité toujours croissante des communications par le moyen des voitures publiques sur toutes les routes du royaume, et le peu de durée des animaux dans un service aussi fatigant, donnent lieu à des besoins extrêmement étendus de chevaux de cette classe, qui se rapproche de celle des chevaux de trait par la faculté de tirer de lourds fardeaux, mais qui doit y réunir plus d'agilité et d'aptitude à l'allure du trot.

Les chevaux de troupes présentent aussi un haut degré d'importance, autant par le nombre de ceux qui sont employés à cette destination, que par des motifs de politique qui doivent faire désirer que la France puisse se suffire à elle-même en tout temps, pour un besoin qui forme un des principaux élémens de sa force militaire. Dans cette classe, les chevaux de grosse cavalerie se rapprochent beaucoup, pour les formes, de celle des chevaux de carrosse; le service de la cavalerie légère exige des animaux qui ne diffèrent des chevaux de selle proprement dits, que par des formes moins distinguées; quant à celui de l'artillerie, les chevaux de cette classe se confondent avec ceux qui sont employés, soit au trait, soit au service des postes et messageries.

Les chevaux de carrosse ne peuvent être rangés, sous le rapport de l'importance, comme objet de richesse publique, que bien après ceux que je viens de désigner; cependant quoique l'emploi de ces chevaux soit presque concentré dans les grandes villes, la consommation en est encore assez considérable pour mériter une place distinguée dans l'échelle des productions industrielles. Viennent enfin les chevaux de selle. Autrefois cette classe devait être placée dans un rang bien supérieur à celui que je lui assigne ici, puisque je la place au dernier degré de l'échelle; mais que l'on veuille bien se rappeler qu'ici je considère uniquement les choses sous le rapport des intérêts matériels de la production, qui sont nécessairement circonscrits dans les demandes qu'exige la consommation.

§ II. *Cause de la diminution dans l'emploi des chevaux de selle.*—Il est impossible de ne pas reconnaître l'immense déplacement qui s'est opéré successivement depuis deux ou trois siècles dans l'emploi, et par conséquent dans la demande des chevaux de selle comparés à ceux de trait ou de carrosse. Dans le seizième siècle encore, le petit nombre des communications par les routes, le mauvais état de celles-ci, l'état peu avancé de l'industrie qui produit les véhicules à roues, et aussi des restes d'habitudes contractées dans des temps où l'état des routes était encore bien plus défectueux, restreignaient presque exclusivement à l'usage de la selle, l'emploi des chevaux destinés à transporter les hommes d'un lieu dans un autre. D'un autre côté, l'usage personnel des chevaux, soit dans la paix, soit à la guerre, était presque exclusivement réservé aux classes privilégiées de la société; et il est facile de concevoir que, dans de telles circonstances, il se soit attaché aux exercices et au maniement du cheval, des idées de noblesse et de grandeur, dont il ne nous reste guère de traces que dans la signification littérale de quelques mots qui expriment encore aujourd'hui des titres ou des dignités, comme ceux d'*écuyer*, *maréchal*, *chevalier*, *etc.*

Cette situation des choses a changé progressivement, à mesure que les routes se sont multipliées et ont été mieux appropriées au service des voitures de tout genre, que l'industrie créait chaque jour pour les besoins les plus variés; et aujourd'hui que les hommes des classes élevées de la société montent beaucoup moins à cheval que les paysans; aujourd'hui que l'on voit sans surprise le fils d'un pair de France marcher à la tête d'une compagnie d'infanterie, tandis que les hommes de la dernière classe servent dans un escadron de hussards ou de carabiniers, il ne s'attache plus à la qualification d'*homme de cheval*, rien de cette idée de noblesse et de grandeur qui la faisait si vivement rechercher, dans d'autres siècles, par la noblesse française.

Il est résulté naturellement de là que les exercices de l'équitation sont négligés de notre temps, et que, même parmi les classes élevées, rien n'est plus rare que de rencontrer un homme bien placé à cheval. C'est un mal sans doute ; mais à côté de cela il est des compensations que l'on ne doit pas dédaigner : il ne faut pas considérer l'homme de cheval seulement à un carousel ou dans une promenade publique, manœuvrant son coursier avec grâce et dextérité ; il faut aussi penser aux misères du cavalier voyageant par un temps affreux, le visage frappé de la pluie et du vent, arrivant crotté jusqu'à l'échine et trempé jusqu'à la peau ; nous serons forcés de reconnaître qu'aujourd'hui le plus mince fermier voyageant dans sa cariole couverte d'un berceau de toile cirée, se trouve bien plus à l'aise qu'un baron faisant route au quinzième siècle, suivi de ses écuyers ; et lorsqu'un descendant de ce même baron se rend de nos jours à sa maison de campagne, dans sa berline, avec son épouse et ses enfans en bas âge, pendant que la neige tombe à gros flocons, il lui prendra rarement fantaisie de regretter la manière de voyager de son aïeul. Et remarquons qu'ici l'économie se joint parfaitement à la commodité ; car aujourd'hui deux chevaux attelés à un carrosse transportent quatre ou six personnes avec les effets dont elles peuvent avoir besoin en route, tandis que dans l'ancien système, il eût fallu autant de chevaux de selle que d'individus, et de plus des chevaux de bât. Lorsque l'on considère encore une messagerie attelée de quatre chevaux, transportant pour un prix très-modique et avec une admirable rapidité, une douzaine d'invidus d'une extrémité du royaume à l'autre, et de plus une quantité d'effets ou de marchandises d'un poids équivalent à trois ou quatre fois celui des voyageurs, on ne peut méconnaître l'immense amélioration que l'adoption générale des véhicules à roues a apportée à l'art d'employer le cheval au service personnel de l'homme. Au reste, je n'avais nul besoin de faire ici l'apologie des usages de nos jours ; j'ai seulement voulu faire sentir que l'espèce de discrédit dans lequel est tombé chez nous l'usage du cheval de selle, tient à des causes sur lesquelles il ne serait pas facile de réagir, parce qu'elles ont leur source dans les progrès mêmes de la civilisation. Le cheval de selle est aujourd'hui, pour l'usage des classes aisées, ce qu'il peut et doit être dans l'état actuel de nos mœurs et de l'industrie : c'est l'objet d'un exercice corporel aussi salubre qu'agréable, mais dont l'usage, si l'on excepte le service militaire, est restreint dans des limites telles que cette classe de chevaux n'occupe qu'un rang très-inférieur dans la consommation générale ; et même en y réunissant les chevaux qu'exige le service des officiers supérieurs, qui sortent de la classe des chevaux d'escadron, le nombre des chevaux de selle demandés annuellement n'occupe encore qu'une place bien exiguë dans les besoins de la France en chevaux de toute espèce.

En Angleterre, des causes particulières ont concouru à rendre l'emploi des chevaux de selle, dans les classes élevées de la société, beaucoup plus fréquent qu'en France ; et parmi ces causes on doit placer en première ligne le goût pour la chasse à courre qui est encore si général parmi les grands propriétaires de ce royaume, où ce goût est favorisé, d'une part par la grande étendue et la réunion des propriétés foncières, et de l'autre par l'habitude qu'y ont conservée tous les grands propriétaires, de placer à la campagne leur résidence habituelle. La chasse étant un des emplois les plus importans des chevaux de selle en Angleterre, la vitesse est une des qualités que l'on y recherche le plus dans cette classe d'animaux ; et comme ils font l'objet d'un commerce considérable, la spéculation s'est attachée d'une manière particulière à reproduire et développer cette qualité spéciale. De là les courses de chevaux qui se sont établies naturellement comme objet d'émulation entre les producteurs de chevaux de selle ; et en effet, les chevaux de course en Angleterre ne sont que l'élite des chevaux de chasse ; mais chaque éleveur est vivement intéressé à faire distinguer, dans cette élite, les animaux dont il est possesseur, parce que leurs succès dans la lice donnent un prix très-élevé à ces animaux et à leurs produits, comme chevaux de selle.

Chez nous, au contraire, où l'emploi des chevaux pour la chasse est presque nul, des qualités fort différentes sont recherchées pour les services auxquels sont destinés les chevaux de selle : l'élégance des formes, la grâce et la souplesse des mouvemens, des allures douces et agréables pour le cavalier, sont réellement les qualités qui constituent le mérite d'un cheval de selle, pour les neuf dixièmes de ceux qui en font usage ; et l'extrême vitesse est pour eux sans aucune utilité. Si cette dernière qualité ajoute quelque chose à la valeur réelle d'un cheval de selle en France, c'est que, par une imitation qui me semble très-déplacée, d'un usage adopté en Angleterre, on a fait d'un cheval doué d'une vitesse remarquable, un animal avec lequel on peut gagner quelques milliers de francs aux courses du champ de Mars. La fantaisie peut aussi engager un jeune homme opulent à payer à un taux élevé un cheval qui a remporté un prix, sans qu'il ait l'intention de tirer jamais aucun service de cette qualité dans le cheval qu'il achète, et peut-être sans qu'il soit personnellement capable d'en tirer ce service ; mais c'est là la création d'une valeur entièrement factice, qu'il n'était nullement utile d'encourager, parce qu'elle ne se fonde pas sur un besoin de la société.

§ III. *Observations sur l'amélioration des races de chevaux en Angleterre.* — En observant l'état des chevaux en Angleterre, on remarque facilement que ce n'est pas seulement la classe des chevaux de selle qui s'y est améliorée : pour les services du trait, du carrosse et des voitures publiques, il y a été créé des races qui se distinguent par les qualités les plus désirables pour ces divers emplois, tout autant que le *race horse* pour le service de la course ; et il n'est aucun Anglais éclairé qui n'attache à l'amélioration des chevaux de ces diverses espèces, une bien autre importance qu'à celle des chevaux de selle, parce que la consommation en est infiniment plus considérable, et exerce sur la richesse publique une influence bien plus étendue que celle des chevaux de chasse, qui est restreinte dans des limites bien étroites, en la comparant à cette multitude de chevaux qui sont employés à d'autres services; mais les courses de *New Market* attirent l'attention de tous les étrangers, la dénomination de cheval anglais a été spécialement attachée chez nous au cheval de course, et l'on a cru qu'en instituant des courses semblables, on faciliterait l'introduction en France, des immenses améliorations que nos voisins ont apportées aux races de leurs chevaux. Dans mon opinion, il était impossible de se tromper plus complètement; et les courses de chevaux en France me paraissent une institution entièrement excentrique à l'amélioration de nos races, dans ses rapports avec les besoins ou les goûts de la population. Plus loin j'aurai l'occasion de donner plus de développement à cette opinion.

§ IV. *Emploi des chevaux aux besoins de l'agriculture.*—En parcourant les divers emplois des chevaux, je n'ai pas parlé de l'agriculture, et ce n'est certes pas par oubli, car elle en consomme à elle seule un beaucoup plus grand nombre que tous les autres genres de services réunis; mais l'agriculture doit se plier elle-même à l'emploi des races de chevaux qu'exigent les autres besoins de la société; car c'est elle qui doit les produire, et il faut bien, pour qu'elle le fasse avec économie, qu'elle tire parti des services des animaux destinés à la propagation, ainsi que des élèves destinés à la vente.

C'est ici le lieu de faire remarquer combien est favorable à l'agriculture l'espèce de révolution qui s'est opérée progressivement dans les temps modernes en France, dans les besoins de la consommation, par l'énorme diminution de l'emploi des chevaux de selle: en effet l'agriculture se trouve aujourd'hui appelée à produire, presque exclusivement, les diverses races de chevaux dont elle peut elle-même tirer le parti le plus utile dans ses travaux, c'est-à-dire des chevaux propres aux services du trait, du carrosse ou des postes et messageries : les chevaux de ces divers genres sont parfaitement appropriés aux travaux de l'agriculture, tandis que les chevaux fins et légers y présentent beaucoup moins d'aptitude.

Je sais bien que dans quelques cantons fort arriérés en agriculture, on conserve encore l'opinion qui considère les chevaux de petite taille et d'une construction légère, comme préférables pour les travaux de culture; mais ce préjugé a complètement disparu devant l'expérience, partout où l'art de cultiver la terre a fait quelques progrès; et si l'on parcourt l'Angleterre, l'Écosse, la Belgique, la Flandre, et les départemens de la France où l'industrie agricole est le plus avancée, on reconnaîtra que tous les cultivateurs n'hésitent pas dans la préférence qu'ils donnent aux chevaux étoffés et de grande taille, pour tous les travaux de la culture. Là où les fermiers n'ont que de petits chevaux, ils disent que de gros animaux tasseraient et piétineraient trop la terre; mais ils ne voient pas qu'avec une paire de chevaux forts, ils remplaceraient quatre animaux de petite taille, et souvent davantage, et que ces derniers, s'ils ont moins de poids, ayant aussi les pieds moins larges, enfoncent dans la terre humide tout autant que les gros, en sorte que l'avantage, sous ce rapport, reste du côté de la diminution du nombre.

Il est même une considération qui met dans la balance un poids énorme en faveur des gros et grands chevaux dans l'agriculture : c'est qu'en diminuant le nombre des attelages, on diminue, dans la même proportion, le nombre des hommes que l'on y emploie, et par conséquent les dépenses d'exploitation. Une charrue perfectionnée qui diminue d'un tiers ou d'un quart la force nécessaire au tirage, ne développe que la moitié des avantages qu'elle peut présenter, si l'on est encore forcé d'y atteler quatre chevaux, parce qu'alors il faut encore employer deux hommes à la manœuvrer; et ce n'est qu'au moyen des améliorations qui se sont introduites en Angleterre et en Écosse, dans les races de chevaux de traits que l'on a pu y apprécier tout l'avantage des charrues sans avant-train, qui peuvent labourer toute espèce de sols, même les plus tenaces, avec une seule paire de ces puissans animaux que fournissent aujourd'hui les races de chevaux de trait qui ont été créées dans ces pays. Au reste, je reviendrai plus tard sur les causes qui ont contribué à conserver jusqu'ici les attelages de petits chevaux, dans la culture du plus grand nombre des départemens de la France.

§ V. *L'agriculture ne peut produire des chevaux fins.*—Si la production des chevaux fins et légers, propres à la selle, est moins favorable à l'agriculture que celle des chevaux plus étoffés, c'est surtout lorsqu'il est question des chevaux de sang ou de race, que le désavantage de la production est le plus marqué; et pour sentir toute la portée de cette considération, il suffit de calculer le prix de production d'un cheval de race, comparé à ce que coûte celle d'un cheval de trait : dans la plupart des localités, on peut évaluer à environ 400 fr. la dépense annuelle d'entretien d'un cheval de trait, en y comprenant la nourriture, l'intérêt du prix d'achat, le décroissement annuel de valeur et les autres dépenses accessoires; nous devons donc considérer la valeur du travail que l'on obtient annuellement de ce cheval, comme égale à la même somme, en supposant même que l'entretien du cheval ne produit pas de bénéfice; et cette somme, répartie sur 300 jours de travail, donne celle de 1 fr. 33 c. pour valeur approximative d'une journée de travail d'un cheval. Si un cultivateur, au lieu d'entretenir un cheval hongre, préfère une jument poulinière, la dépense d'entretien sera la même, et le travail aussi, à la réserve d'une quinzaine de jours au plus, pendant lesquels on sera privé des services de la mère, au moment du part. Cette perte peut donc être évaluée à 20 fr. environ, et en y ajoutant une dixaine de francs pour le prix du saut, le poulain, en venant au monde, coûte au cultivateur environ 30 fr. Mais s'il faut qu'il entretienne la jument sans en tirer de service, comme c'est certainement le cas pour une bête de sang, le poulain coûte le prix d'entretien de la jument pendant toute l'année, et cet entretien doit être évalué beaucoup plus haut que celui du cheval commun, parce que le prix d'achat sera infiniment plus élevé; et en portant, dans ce cas-ci, le prix du poulain venant au monde à 500 fr., il est bien certain qu'il n'est aucun éleveur qui ne crût avoir encore beaucoup plus de profit à obtenir un poulain de race commune qu'il n'estimerait qu'à 30 fr. Si nous considérons maintenant que la même différence aura lieu pour l'entretien des deux poulains, depuis l'âge de deux ans et demi ou trois ans, jusqu'à celui de quatre ou cinq, parce que le cultivateur ne pourra tirer aucun service de celui de race pure, et si nous faisons entrer dans la balance les soins particuliers, la nourriture plus coûteuse qu'exige le poulain de race, nous sentirons facilement qu'il faudrait que le cultivateur, pour y trouver un égal bénéfice, pût vendre le dernier au moins quinze cents francs de plus que l'autre, à l'âge de 5 ans; et il faudrait encore supposer pour cela que l'éleveur ne courût pas plus de chances défavorables avec une race qu'avec l'autre, tandis qu'on sait très-bien que dans une vingtaine de poulains de pur sang, un petit nombre seulement pourront atteindre à une haute valeur, tandis que ceux qui seront affectés d'un tare perdront presque tout leur prix, parce qu'ils ne seront propres à aucun service. Mais dans les chevaux de trait, on court infiniment moins de risques d'une grande diminution dans la valeur de l'animal; et pour les chevaux destinés au carrosse ou au service des postes, l'animal taré sera encore propre au trait. En Angleterre, beaucoup de propriétaires qui n'ont pas une grande fortune, entretiennent pour le service de la chasse, des jumens de race, pour en obtenir des poulains destinés à la vente; de cette manière, ils se placent, sous le rapport de l'emploi des animaux destinés à la propagation et des élèves, dans la même position que les cultivateurs qui élèvent des chevaux de trait : seulement c'est en services d'agrément que les jumens et les élèves paient leur entretien. Il en est de même en France, pour quelques propriétaires amateurs qui se livrent à l'éducation des chevaux de race; mais pour l'agriculture, il ne faut pas lui en demander, car elle ne pourra jamais en produire avec profit, parce qu'elle ne peut pas employer les services des animaux de cette race.

§ VI. *Production des chevaux chez les peuples pasteurs.*—Après avoir jeté un coup d'œil sur les divers genres de chevaux qui peuvent faire l'objet de la production, je vais présenter quelques considérations sur les conditions de cette production, dans divers états de l'art agricole : chez les peuples pasteurs, et aussi dans les contrées très-peu peuplées où l'agriculture n'occupe qu'une petite partie de l'étendue du sol, la nourriture des animaux ne coûte presque rien, parce que l'on ne compte pour rien ou du moins pour très-peu de chose, la dépaissance d'immenses steppes où les animaux sont habituellement nourris, et où ils n'ont rien à démêler avec ce que nous appelons la rente de la terre, ni avec les frais de culture, et presque rien avec les dépenses que nécessite chez nous la construction des étables. Les soins que l'homme donne aux chevaux qu'il élève, forment la seule dépense de production de ces animaux; et il est évident que s'il existait dans notre voisinage des contrées placées dans cette position, comme celles qui constituent la plus grande partie de l'étendue de l'empire russe et presque toute la surface du continent américain, il serait impossible à notre agriculture de soutenir la concurrence avec ces nations pour la production des chevaux.

§ VII. *Production des chevaux dans le système d'assolement triennal.*—Dans le système d'assolement triennal qui s'est étendu sur presque toute l'Europe, dès l'époque où la presque totalité des terres y a été soumise à la culture, la production des animaux est au contraire très-difficile et extrêmement limitée, parce que ce système ne comporte en général que l'étendue de prairies nécessaires à l'entretien des bestiaux qu'exige la culture des terres arables. A une époque déjà reculée, et jusque dans les seizième et dix-septième siècles, l'étendue des prairies surpassait néanmoins en France cette proportion, dans presque toutes les fermes, ce qui permettait, d'une part, de produire un certain nombre d'animaux pour les autres besoins industriels, et de l'autre, d'améliorer la culture des terres, en leur consacrant plus d'engrais; mais depuis un siècle environ, on a vu l'étendue des prés se restreindre successivement dans toutes les fermes, et c'était là un effet tout naturel de l'accroissement progressif de population qui, exigeant une production toujours croissante en céréales, excitait à consacrer successivement à cette culture, de nouvelles portions des prairies. Dans cet état de choses, la production des animaux, et en particulier des chevaux, est excessivement limitée, et s'il existe dans la société des besoins de cette classe d'animaux, la rareté en élève nécessairement beaucoup le prix, sans que cette élévation soit favorable aux cultivateurs, parce qu'ils ne peuvent presque pas produire d'animaux, dans ce système de culture.

§ VIII. *Production des chevaux dans le système d'assolement alterne.*—La France était sur le point d'arriver à ce degré extrême de la culture triennal, où il ne lui eût plus été possible de suffire qu'à une très-petite partie de ses besoins en bestiaux, lorsqu'une troisième période de l'art agricole a commencé pour elle; c'est le système de culture alterne. Déjà, chez quelques autres nations de l'Europe, l'adoption de ce système avait permis de donner une prodigieuse extension à la production des animaux, et spécialement à celle des chevaux. En France, le système complet de culture alterne n'est encore adopté que sur une portion extrêmement peu étendue de son territoire; mais les choses se préparent sur un grand nombre de points, pour l'introduction graduelle de ce système; les prairies artificielles, qui forment une des bases essentielles des assolemens alternes, ont pénétré dans une multitude de localités. On ne peut voir encore là que quelques pièces éparses d'un ensemble qu'il faut compléter; et beaucoup de cultivateurs, qui se cramponnent encore à l'assolement triennal, ou qui ne connaissent pas même le nom de la culture alterne, cultivent des prairies artificielles en cherchant à les coordonner avec l'ancien système de culture, et c'est peut-être là un mode de transition nécessaire pour passer d'un système de culture à l'autre; car ce passage n'est possible que lorsque les cultivateurs seront convaincus de l'immense avantage que leur présente la culture des prairies artificielles. Partout où l'on a senti cet avantage, on reconnaîtra certainement qu'il n'y a pas de place pour le trèfle dans l'assolement triennal, et qu'on ne peut espérer de tirer de cette plante précieuse tout le profit qu'on peut raisonnablement en attendre, qu'en le faisant entrer dans le cadre qui a été fait pour lui, c'est-à-dire, dans les assolemens alternes. Hors de ces assolemens, les prairies artificielles sont une pièce importante d'une machine qui n'a pas été mise à la place où elle peut produire tout son effet, et qui ne se trouve pas en harmonie avec le mécanisme où on l'a placée; mais enfin, dans cette combinaison vicieuse, les prairies artificielles ont déjà produit cet effet important, d'accroître la production des bestiaux et en particulier des chevaux, partout où on les a introduites ; et ce résultat se fait remarquer de la manière la plus frappante, dans tous les cantons où les cultivateurs ont adopté la culture du trèfle ou de la luzerne. Nous sommes cependant encore bien loin d'avoir atteint, sous ce rapport, le point où sont parvenues les nations qui ont adopté déjà depuis longtemps le système complet de culture alterne, et c'est pour cela que, malgré un droit d'entrée assez élevé, nous importons encore chaque année quinze à vingt mille têtes de chevaux.

§ IX. *Caractère des races de chevaux chez les peuples pasteurs.*—Il est bon de rechercher aussi les modifications que peuvent apporter aux races de chevaux destinés à divers services, les trois situations agricoles différentes dont je viens d'indiquer les effets sur la multiplication de ces animaux : dans la première période, c'est-à-dire, lorsqu'une partie seulement de l'étendue du sol est soumise à une culture régulière, les habitudes demi-sauvages que contractent nécessairement les chevaux, leur donnent en général une stature peu élevée, mais beaucoup de nerf et d'agilité, avec les formes qui constituent la disposition des animaux à ces deux qualités ; ces chevaux sont très-propres à la selle, mais en général très-peu au trait. Du reste, le climat et les propriétés diverses des pâturages naturels peuvent apporter dans cet état de choses des différences plus ou moins sensibles entre les races des différens pays, ou même des différens cantons ; ici, l'art ne sait exercer aucune influence sur les formes ou les qualités des chevaux, par le moyen du régime ; car la nourriture est presque exclusivement celle que leur présente la nature. Mais lorsqu'il s'est trouvé, dans une position semblable, un peuple industrieux, porté par ses mœurs à faire un usage fréquent du cheval de selle, et à rechercher en lui la vigueur et la vitesse comme les qualités les plus précieuses pour le genre de service qu'il en tirait, il a su se prévaloir des différences individuelles qui se rencontrent toujours entre les animaux d'une même race, pour propager, accroître peut-être, et fixer en quelque sorte les qualités qu'il recherchait le plus, en employant à la propagation, et en accouplant avec jugement, les individus qui se distinguaient le plus éminemment par ces qualités. Il paraît que c'est chez les Arabes et chez quelques autres nations orientales, que se sont rencontrées au plus haut degré, ces deux conditions essentielles à la formation d'une excellente race de cette variété du cheval de selle, que l'on peut désigner sous le nom de *cheval coureur* : savoir, des pâturages naturels éminemment propres à produire des chevaux de cette espèce, et les soins les plus assidus que l'homme puisse apporter à propager ces qualités par le choix des types reproducteurs. Et il faut remarquer que cette industrie ne pouvait prendre un tel développement que sous un climat chaud ; car à cette période de l'art agricole, l'homme ne possède pas les moyens de récolter et d'emmagasiner des approvisionnemens en fourrage pour la saison rigoureuse.

§ X. *Caractères des races de chevaux, dans le système d'assolement triennal.*—Dans le système d'assolement triennal, qui répond à une époque plus avancée de la civilisation et de la culture des terres, que celle dont je viens de parler, les races de chevaux conservent encore cette propriété qui fait dépendre en grande partie leurs qualités, du climat et de la nature des pâturages ; car dans ce système agricole, la vaine pâture forme la base de la nourriture des chevaux, soit dans les prairies naturelles, soit par la dépaissance des herbes que la nature fait croître dans les chaumes des céréales. Pour l'hiver, le foin des prairies naturelles forme encore la base du régime alimentaire ; mais à mesure que l'étendue des prés a diminué, une portion plus ou moins considérable du foin a été remplacée par la paille des céréales, seule substance appropriée à la nourriture des chevaux, que possède le cultivateur dans le système triennal. Une ration toujours très-faible d'avoine, et seulement à l'époque des plus forts travaux, vient modifier ce régime. L'usage habituel de la vaine pâture, et toute l'habitude de ce régime, ne tendent pas en général à donner aux races de chevaux une taille plus élevée ni des formes plus étoffées que dans la première période : si l'on en excepte quelques cantons, où les pâturages sont particulièrement substantiels, c'est toujours le cheval constitué pour le service de la selle, mais que l'on emploie aux attelages pour les travaux des champs, parce qu'on n'en a pas d'autres, et qu'on ne peut en produire d'autres.

C'est ici le lieu de faire remarquer qu'à mesure que l'accroissement de population faisait restreindre l'étendue des prairies dans l'assolement triennal, l'espèce des chevaux se détériorait inévitablement, et devenait de plus en plus chétive, parce que la masse de la nourriture qui leur était destinée, décroissait de jour en jour. Les cultivateurs, forcés d'entretenir pour leurs travaux un grand nombre de chevaux faibles et mal nourris, se trouvaient presque toujours dans la nécessité de les atteler beaucoup trop jeunes : et en les surchargeant de travail, ils hâtaient encore la détérioration de la race. Et cependant, à cette même époque, dont la situation se prolonge encore de notre temps pour plusieurs cantons, l'accroissement de population, le développement de l'industrie, la multiplication des routes, commençaient à exiger un plus grand nombre de chevaux pour les services étrangers à l'agriculture, et surtout il fallait des chevaux fort différens de ceux que pouvaient fournir les cultivateurs : c'est alors que s'élevèrent de toutes parts les plaintes les plus amères contre les fermiers qui ne pouvaient fournir aux diverses industries les chevaux dont elles avaient besoin : on accusait la routine, on critiquait souvent avec injustice des pratiques qui n'étaient que le résultat de la nécessité. On disait, et l'on répète souvent encore, que le mal vient du peu de soin que mettent les cultivateurs à choisir les étalons ; mais on ne voit pas que tant que les choses agricoles sont dans cette situation, le cultivateur ne pouvant à peu près produire des chevaux que pour son usage, il ne doit pas mettre un grand intérêt au choix des formes, et que l'état de dégradation des races est, dans ce système d'agriculture, un résultat contre lequel les producteurs n'ont aucun moyen de se défendre. Si l'on veut s'assurer que l'incurie des cultivateurs sur le choix des étalons et sur les autres soins nécessaires à l'amélioration, n'est due qu'à la cause que j'indique ici, il suffit d'observer l'attention beaucoup plus éclairée qu'on ne le croit généralement, que les cultivateurs apportent à ces divers objets, dans les cantons où l'amélioration dans la race, qui a été le résultat de la seule introduction des prairies artificielles, leur a laissé entrevoir l'espérance de faire de l'éducation des chevaux une spéculation lucrative. C'est à la même époque aussi que des importations annuelles et nombreuses de chevaux, devinrent nécessaires pour suffire à des besoins que l'agriculture ne pouvait satisfaire.

A cette période de l'art agricole, nous arrivons à cette révolution industrielle qui a déplacé jusque dans ses bases, les besoins de la société relativement aux espèces de chevaux : jusque-là le cheval de selle avait été presque exclusivement demandé aux producteurs ; mais bientôt l'industrie et le commerce prenant une rapide extension, le cheval devint un de leurs instrumens les plus actifs et les plus usuels, et comme c'était toujours dans le travail du trait qu'il était employé à ce service, on commença à désirer des formes qui rendissent le cheval plus propre à cet emploi ; d'un autre côté, de belles routes remplaçant de toutes parts des chemins peu praticables, les hommes des classes élevées commencèrent à préférer l'usage du carrosse ou de la voiture de poste à celui de la selle ; et les voitures de tout genre ayant été successivement appropriées aux fortunes les plus modiques, toutes les classes de la société adoptèrent un usage où elles trouvaient à la fois commodité, économie et célérité; les chevaux de carrosse, de poste et de messageries remplacèrent donc partout le cheval de selle. C'est à cette période de l'industrie et de la civilisation que les prairies artificielles commencèrent à s'introduire dans l'agriculture française, avec assez d'étendue pour exercer une influence sensible sur les races de chevaux ; et partout où elles se sont introduites, on a vu s'améliorer avec rapidité les races de ces animaux, c'est-à-dire, qu'on les a vues s'approprier davantage, par la stature et les formes, aux divers besoins qui se faisaient sentir dans la société ; et si l'on a refusé souvent de regarder comme améliorations des modifications qui éloignaient les formes du cheval de celles qui constituent le caractère de la beauté dans le cheval arabe ou *cheval coureur*, c'est qu'on a méconnu ce principe immuable, d'après lequel l'industrie doit constamment produire ce qui est le plus demandé, parce que c'est toujours là ce qui satisfait le mieux aux besoins de la société. Dominé par d'anciens souvenirs, on n'a voulu voir dans le cheval qu'un genre de beauté, tandis que cette expression, bien entendu, doit s'appliquer aux formes qui sont l'indice des qualités les plus désirables dans le cheval, pour chaque genre de service particulier auquel on peut l'appliquer ; ainsi la beauté dans un cheval de brasseur est fort différente de celle d'un cheval arabe, mais elle mérite tout aussi justement le titre de beauté ; car en définitif, on n'a appliqué ce nom à telle ou telle forme, dans le cheval de sang, que parce que l'expérience a fait reconnaître que ces formes étaient constamment accompagnées des qualités que l'on recherchait le plus pour le genre de service auquel cette race de chevaux était appropriée.

Les prairies artificielles, en fournissant aux chevaux

une nourriture plus abondante, ont permis aux cultivateurs, non seulement d'en accroître le nombre, mais aussi de leur donner à l'étable des alimens bien plus substantiels que ceux qu'ils trouvaient presque partout au pâturage ; il est résulté de là, même sans supposer de croisemens, et en conservant les anciennes races de chevaux, une élévation très-remarquable de la taille des animaux, et la production de formes moins sveltes et moins légères, qui rendaient le cheval bien moins approprié au service de la selle, et surtout à celui de la course, mais qui le rendaient beaucoup plus propre aux divers services des attelages ; et les éleveurs ont été fortement encouragés à favoriser ce changement par tous les moyens qui dépendaient d'eux, et en particulier par le choix des étalons et par une nourriture abondante et substantielle, distribuée aux animaux dans leur jeunesse, parce que les chevaux qu'ils produisaient ainsi, étaient ceux dont ils trouvaient le débouché le plus assuré, et les prix les plus élevés.

Nous devons assimiler ici, jusqu'à un certain point, aux prairies artificielles, les riches herbages permanens créés par l'art à l'imitation des pâturages naturels, comme ceux que l'on rencontre dans la Normandie, l'Artois et quelques autres parties du royaume. Cependant, dans les cantons où l'on élève des chevaux dans ces herbages, l'influence de la localité se fait encore sentir d'une manière très-remarquable dans les formes que prennent les élèves, et les qualités qui les distinguent ; et cela est facile à concevoir, puisque dans la formation de ces herbages, on ne fait pas un choix particulier des plantes qui doivent composer la prairie, mais on se contente d'enrichir le sol par des engrais abondans, et on le laisse se garnir des plantes qui composent les prairies naturelles du pays. Il résulte de là que les chevaux trouvent, dans ces herbages, un pâturage analogue à celui des plus riches pâturages naturels : ils y prennent une taille plus élevée, et plus de volume dans les parties osseuses et charnues, que dans le système de pâturages de l'assolement triennal, ou dans la plupart des pâturages naturels; mais les circonstances locales continuent à exercer, dans ce système, une influence considérable sur les qualités et les formes du cheval, comme le prouvent les différences que l'on remarque entre les chevaux que l'on élève dans divers cantons où s'est établi l'usage des herbages artificiels; et tous les éleveurs savent bien que ces différences ne sont pas seulement celles des races, mais qu'un individu amené très-jeune dans les herbages d'un canton, y prend des formes et un caractère qui en font un animal tout différent de ce qu'il aurait été, s'il eût été élevé dans un autre canton.

Quant aux chevaux élevés au moyen des fourrages produits par les prairies artificielles, la nature des plantes qui entrent dans la composition de ces prairies et le mode de culture par lequel elles ont été créées, exercent problablement au moins autant d'influence sur les formes et les qualités des produits, que la nature du sol et les circonstances locales; mais nos connaissances sont encore très-bornées relativement à cette influence. Là où l'on cultive les prairies artificielles, on nourrit les chevaux avec du trèfle, de la luzerne, du sainfoin ou des vesces, parce que l'on a ces fourrages, et chaque cultivateur sème telle ou telle plante, parce qu'il juge qu'elle convient mieux à la nature de son sol ou à d'autres circonstances de son exploitation, ou peut-être seulement parce que le hasard a voulu qu'elle s'introduisît dans le canton plutôt que d'autres; mais nulle part, du moins je le présume, un cultivateur n'a adopté de préférence telle espèce de prairie artificielle, parce qu'il a reconnu qu'elle était la plus favorable au développement des chevaux dont il voulait approprier la race à tel genre de service. Si quelque cultivateur a acquis par l'observation quelques idées sur ce sujet, elles sont du moins restées entièrement isolées ; et n'ayant pu être contrôlées par des expériences analogues faites dans d'autres circonstances, elles ne sont pas encore entrées dans le domaine général de nos connaissances, et ne peuvent être considérées que comme des observations isolées dont la réunion avec beaucoup d'autres, pourra concourir un jour à jeter les bases de cette branche de l'art agricole. Ce que l'expérience a fait connaître jusqu'ici, c'est que les fourrages des prairies artificielles, prises presque toutes dans la famille des légumineuses, fournissant aux jeunes chevaux un aliment beaucoup plus substantiel que celui qu'ils trouvent dans les pâturages naturels, tendent à donner aux races qui sont soumises à ce régime, une grande augmentation dans la stature et dans le volume de toutes les parties du corps. Le régime de la nourriture au râtelier, qui est en général celui des cantons où la culture des prairies artificielles a pris une grande extension, contribue probablement beaucoup aussi à donner aux chevaux des formes et des qualités qui les rendent plus propres au trait qu'à la selle ; car dans les cantons où l'introduction des prairies artificielles n'est encore que partielle, et où l'on a conservé le système de la vaine pâture, en donnant aux animaux un supplément de nourriture en fourrages verts ou secs provenant des prairies artificielles, on remarque que les races, en prenant plus de taille et plus de volume dans toutes les parties du corps, ont néanmoins conservé dans les formes, cette légèreté et cette élégance qui les rend propres au service de la selle ou du carrosse. On pourrait former, pour les chevaux de quelques cantons qui sont dans ce cas, une classe que l'on désignerait sous le nom de *chevaux intermédiaires*, et qui, sans être parfaitement appropriés à aucun genre de service en particulier, peuvent cependant, à la rigueur, être employés à presque tous les usages, du moins en faisant un choix dans les individus de ces races.

§ XI. *Caractère des races de chevaux dans le système de culture alterne.*—Nous avons suivi les diverses périodes de l'industrie agricole et de la production des chevaux, qui se lie intimement à cette dernière, jusqu'à cette époque qui précède immédiatement l'introduction du système complet de culture alterne, et où les avant-coureurs de ce système, les prairies artificielles, ont seules commencé à s'introduire ; c'est là le point où nous en sommes aujourd'hui en France, du moins dans la presque totalité des parties de notre territoire qui ne sont pas demeurées entièrement étrangères à la marche progressive de l'art agricole. Si nous voulons porter plus loin nos investigations, et rechercher l'influence que doit exercer sur la production des chevaux, l'introduction du système complet des assolemens alternes, c'est hors des limites de nos frontières qu'il faut aller chercher les résultats de l'expérience ; et c'est surtout en Angleterre que nous pouvons les trouver, parce que c'est là que le mode de culture alterne s'est établi depuis un plus long espace de temps, du moins dans la grande culture ; car c'est seulement dans les grandes fermes que la production des chevaux peut recevoir tous les développemens et les améliorations dont elle est susceptible.

L'amélioration des races de chevaux date, en Angleterre, de la même époque où l'on a vu des améliorations analogues se porter, dans le même pays, sur toutes les espèces d'animaux domestiques ; et en effet, il est facile de concevoir que c'est seulement au moyen des ressources que présente le mode de culture alterne, que l'homme peut exercer dans toute sa plénitude, les influences dont il a besoin pour modifier les races d'animaux, en les appropriant plus spécialement aux divers genres de services qu'il réclame d'eux : ici l'art présente des combinaisons si diverses dans le régime alimentaire des animaux, qu'il peut faire disparaître presque entièrement les influences de localités ; et si jusque-là le choix des animaux reproducteurs avait été à peu près le seul moyen par lequel l'éleveur pût modifier les formes et les qualités des produits, ce choix ne devient presque qu'un moyen auxiliaire, lorsque l'éleveur peut faire varier le régime alimentaire, de manière à apporter aux formes et aux qualités des animaux, les modifications qui les améliorent à ses yeux, c'est-à-dire, qui les rendent plus aptes aux emplois qu'il leur destine. Je ne veux certes pas dire que dans l'application de ce système agricole à la production des animaux, l'influence des races se perde, et que la nature ne tende plus à reproduire dans les descendans, les formes et les qualités particulières à la famille ; mais c'est seulement alors que l'on reconnaît l'immense influence qu'exerce le régime alimentaire sur le développement et la propagation de ces formes ; et si l'Angleterre a eu seule un Bakewell qui a exercé un si étonnant empire sur les formes des animaux, dans les races sur lesquelles il a exercé son industrie, c'est que dans aucun autre pays, un homme n'eût pú trouver l'instrument qu'il avait à sa disposition pour modifier en quelque sorte à son gré les propriétés et les formes des animaux dont il a formé les types de races si éminemment distinguées par les qualités qu'il recherchait en elles ; c'est qu'à cette époque l'art des assolemens alternes n'existait réellement encore qu'en Angleterre.

Je m'attends bien que beaucoup de personnes regarderont, au premier aperçu, comme un paradoxe, l'opinion que j'énonce ici, et il n'y a pas lieu d'en être surpris, car dans l'état où notre agriculture s'est trouvée jusqu'ici, et surtout avant que l'introduction des prairies artificielles permît déjà d'apporter quelque variation dans le régime des animaux, l'uniformité constante de ce régime dans chaque canton ayant donné naissance à des influences invariables qui avaient déterminé les caractères de la race dans chaque localité, on ne connaissait qu'un seul moyen de modifier ces caractères, et ce moyen consistait dans l'introduction d'une race étrangère, ou le croisement de la race indigène avec d'autres races : mais si l'on observe avec quelque attention les faits qui démontrent les modifications profondes qui peuvent résulter du changement de régime dans un seul individu pris dès la première jeunesse, soit que cet individu soit transporté dans un canton éloigné de celui où il est né, soit qu'il reçoive, dans la localité même, une nourriture très-différente de celle à laquelle sa race était accoutumée, on sera disposé à apprécier toute l'étendue des modifications que peut apporter à une race, un changement de régime continué dans plusieurs générations. On sentira facilement aussi que lorsque l'on modifie une race par l'introduction ou le concours d'une race étrangère, les influences du régime, si celui-ci reste le même, tendront sans cesse à reproduire ce qui existait avant le croisement, puisque ce croisement n'est qu'un effort pour s'écarter de la route que la nature elle-même avait tracée, ou pour faire sortir d'un régime donné autre chose que ce qu'il peut produire; car une race n'est que le produit de tel régime déterminé par les circonstances locales et continué pendant une longue suite de générations; aussi une multitude de faits attestent l'impuissance des croisemens pour modifier une race, toutes les fois que le régime n'est pas approprié aux changemens que l'on veut produire. Si au contraire on procède par le changement de régime, sans introduction de race étrangère, et en se prévalant néanmoins des différences individuelles que ce régime produira certainement, pour propager les formes et les qualités que l'on croira devoir le plus rechercher, on créera ainsi une nouvelle race qui sera constante, et qui se maintiendra sans efforts, tant que l'on continuera de soumettre les animaux au régime qui lui a donné naissance. Et si, en changeant le régime, on croit devoir s'aider du concours d'une race étrangère pour arriver plus promptement aux formes et aux caractères que l'on désire obtenir, on ne pourra les conserver dans la race d'une manière constante, que dans le cas où le régime sera approprié à ces nouveaux caractères. C'est pour cela que j'ai dit qu'un changement dans le régime doit être la base de toute amélioration dans les races, et que les croisemens ne doivent être que des moyens auxiliaires. Dans un cas semblable, on pourrait dire que la race introduite est le *patron* au moyen duquel on abrège et facilite le travail; mais l'*étoffe* dans laquelle il faut tailler la race que l'on veut former, c'est le régime.

§ XII. *Influence du régime pour modifier les races dans le système des assolemens alternes.* — On peut, sans sortir du territoire français, apprécier toute l'influence que peut exercer le régime sur les formes des animaux, en modifiant les caractères particuliers des races. Sans parler des changemens si remarquables qui se sont opérés dans les races de chevaux, là où l'on a fait entrer les fourrages des prairies artificielles dans leur nourriture, soit partiellement, soit en totalité, on peut observer quels immenses changemens s'opèrent dans les formes des chevaux, lorsque, transportés dans leur premier âge, des pâturages de la Franche-Comté dans les fermes de la Brie, ils y sont soumis à un régime entièrement différent de celui de leur pays natal, et nourris avec des fourrages abondans et succulens, fournis par les prairies artificielles; et lorsque de deux poulains nés de la même race, l'un est transporté dans la Flandre, et l'autre acheté par un éleveur normand, qui le place dans ses herbages, on peut voir si, à l'âge de cinq ans, ces deux animaux ne diffèrent pas à peu près autant entre eux, que deux chevaux nés de races entièrement différentes; l'un devient un cheval de carrosse élégant et léger; l'autre un animal énorme, très-peu propre à l'allure du trot, mais constitué pour traîner lentement les plus lourdes charges.

Ces faits nous ont été présentés en quelque sorte par le hasard, ou plutôt ont été l'effet de circonstances entièrement indépendantes de toutes vues d'amélioration dans l'espèce du cheval ; ces circonstances ayant introduit dans tel canton un procédé agricole ou la culture d'une plante qui pouvaient modifier de telle manière la croissance des jeunes chevaux, ont casé dans ce canton la production des formes qui sont l'effet de cette modification ; mais c'est seulement au moyen de la multitude de combinaisons que peut offrir, dans chaque localité, la nourriture produite par les assolemens alternes, que l'on peut espérer de créer l'art de former partout les espèces de chevaux qui sont réclamées par les divers services. Aussi, ce même Bakewell, si connu parmi nous par l'art admirable avec lequel il a formé des races parfaites de bœufs et de moutons, employait le même instrunent qu'il trouvait sous sa main, à créer une race de chevaux de trait encore aujourd'hui fort estimée en Angleterre ; et d'autres éleveurs ayant aussi, vers le même temps, employé les mêmes moyens dans d'autres combinaisons, la Grande-Bretagne s'est trouvée riche de plusieurs races très-distinctes, mais parfaitement appropriées, chacune dans son espèce, aux divers besoins de la société, et dont les services ont fourni un des plus puissans moyens de développement aux diverses branches de l'industrie et du commerce dans l'empire britannique. Et c'est seulement lorsque l'art est parvenu à ce point, que l'agriculture peut partout produire les chevaux avec le plus d'avantage, parce que seulement alors il est possible de proportionner le nombre d'animaux produits dans chaque race, à la quantité que demande le commerce, c'est-à-dire, que réclament les besoins de la consommation ; et si l'on voit encore dans cet état de choses, un canton se livrer plus spécialement à la production d'une espèce de chevaux, cette délimitation n'est pas tellement restreinte que l'on ne puisse, à volonté, l'étendre ou la resserrer selon que l'exige la facilité des débouchés, parce que les éleveurs possèdent les moyens de modifier, presque à leur gré, les produits de leur industrie.

On conçoit que c'est seulement à cette période de l'industrie productrice que le niveau peut s'établir entre la production et les besoins, pour les diverses espèces de chevaux ; tandis qu'aussi long-temps que les circonstances spéciales à chaque canton ne permettent d'y produire qu'une espèce de cheval, il faut, d'une part, que la consommation se plie à cette loi, c'est-à-dire, que l'on employe souvent à certains services des chevaux qui y sont peu propres ; et de l'autre, que la production agricole supporte tout l'inconvénient de ne pouvoir offrir au commerce les espèces de chevaux qu'il demande et qu'il est trop souvent forcé d'aller se procurer à l'étranger.

C'est cette partie de l'art, qui nous est encore entièrement étrangère en France, dans la production des chevaux ; et c'est elle qui forme le point fondamental sur lequel repose l'avenir de ses améliorations dans cette branche si précieuse de la production nationale. La culture du trèfle s'est introduite dans un canton, et l'on a vu venir à sa suite, dans la race des chevaux indigènes, des modifications qui, après un très-petit nombre de générations, ont rendu cette race à peu près méconnaissable ; et c'est bien le trèfle qui a opéré ces changemens, car la race est restée la même chez tous les cultivateurs qui ont repoussé la culture de cette plante, tandis que la progression est manifeste chez ceux qui l'ont adoptée, sans qu'ils aient employé d'étalons tirés d'une autre race. Je ne veux pas dire toutefois que c'est en nourrissant les chevaux de trèfle seul qu'on a amélioré ou qu'on doit améliorer les races ; mais là où le cultivateur récolte du trèfle, sa provision de fourrage étant augmentée, il peut consacrer à tous ses bestiaux une nourriture plus abondante, et faire entrer, lorsqu'il le juge convenable, le foin de ses prairies naturelles, pour une proportion plus ou moins forte dans la ration de ses chevaux. Le trèfle est en quelque sorte ici l'emblème de l'abondance et de la variété des fourrages, succédant à un régime de pénurie et d'uniformité.

Mais les modifications produites par l'addition du trèfle n'auraient probablement pas été les mêmes, si la luzerne eût été substituée au trèfle; et le sainfoin, les vesces, les graminées à faucher, etc., ameneraient encore des modifications spéciales dans la race. L'usage de chacune de ces plantes données en vert pendant six mois de l'année, doit encore amener d'autres résultats que l'emploi des mêmes fourrages donnés secs et sous forme de foin. Dans la culture alterne, l'avoine n'est plus le seul grain que l'on cultive pour la nourriture des chevaux; les féveroles, les pois, les vesces, le maïs, l'épeautre, forment une variété d'alimens, dont chacun exerce certainement une influence spéciale sur le développement des formes dans les jeunes animaux, et tend ainsi à donner à la race des caractères différens. L'emploi des racines, par exemple des carottes, pour une portion de la nourriture des animaux, développe certainement aussi des influences particulières, et l'addition de la paille en plus ou moins grande proportion dans la nourriture journalière des animaux, permet toujours de modifier d'une manière très-variée, les effets des alimens plus substantiels, et qui le seraient souvent trop pour la production ou la propagation de certaines qualités ou de certaines formes dans les chevaux. Enfin, le régime de nourriture au râtelier ou du pâturage pendant une partie plus ou moins considérable de l'année, est aussi une circontance qui doit incontestablement apporter de grands changemens dans les formes des chevaux et dans leurs dispositions aux allures lentes ou accélérées; et le régime du pâturage s'allie tout aussi bien au système de culture alterne, que celui de la nourriture au râtelier, comme nous le montre l'exemple du *Holstein* et du

Mecklembourg, où les assolemens alternes avec pâturages sont adoptés depuis très-long-temps dans les vastes exploitations de ces pays, et où l'on produit des chevaux dont les qualités sont bien connues. Les pâturages de cette espèce, qui tiennent à un système agricole entièrement différent de celui des herbages permanens, peuvent se composer de plantes très-variées et dans des proportions très-diverses, que le cultivateur est toujours le maître de régler.

C'est dans l'emploi judicieux de ces divers moyens d'action, et dans la multitude de combinaisons qu'ils offrent à l'éleveur, que l'on trouvera bien certainement la possibilité de créer en France, en nombre égal à tous les besoins, les chevaux de toute espèce, appropriés aux divers services de l'industrie et du luxe; chevaux de selle, de carrosse ou de trait, tout se produira, parce qu'il se rencontrera des combinaisons pour toutes les variétés possibles. Jusqu'à ce qu'on sache employer ces moyens, on ne fera que de vains efforts pour modifier les races dans telle ou telle intention, ou du moins on n'obtiendra à cet égard que des résultats insignifians et précaires. En effet, qu'est-ce qu'une race indigène à un canton? Ce n'est que le résultat des influences de régime auxquelles les animaux ont été exposés pendant un très-long espace de temps, conformément aux circonstances agricoles de la localité. Comment pourrait-on espérer de modifier cette race d'une manière durable, si ces circonstances restent les mêmes? Aussi on a toujours échoué et l'on échouera toujours, toutes les fois que l'on voudra amener dans un canton, par l'introduction d'autres types reproducteurs, une race plus grande ou plus étoffée que celle qui y existait, sans apporter en même temps, dans le régime des animaux, des modifications correspondantes à ce changement; et si l'on a voulu atteindre ce but par l'introduction seule d'étalons de grande taille, on n'a jamais obtenu que des produits d'une conformation vicieuse, comme on l'observe pour toutes les races d'animaux, toutes les fois que l'on accouple une petite femelle avec un mâle de grande taille. Mais si l'on s'était contenté d'améliorer le régime alimentaire de la race indigène, on eût réussi avec facilité et sans aucun inconvénient, à agrandir cette race; et c'est seulement alors qu'il eût été utile d'admettre pour le croisement, des étalons au moyen desquels on eût pu apporter plus promptement, dans les formes et les qualités, des modifications que la continuation d'un régime approprié eût pu soutenir et améliorer encore.

Plus on observera les faits relatifs à l'amélioration des races de chevaux, et aux tentatives plus ou moins infructueuses que l'on a faites jusqu'ici pour y parvenir, plus on se convaincra que l'on ne peut se promettre aucun succès, tant qu'on ne reconnaîtra pas que le régime est la base de toute amélioration, et que les croisemens ne sont jamais qu'un moyen auxiliaire qui ne peut avoir d'utilité qu'en supposant les améliorations dans le régime. Mais un changement dans le régime des animaux suppose nécessairement des modifications dans le système agricole; et le mode de culture alterne est certainement le seul qui puisse présenter, à la volonté de l'éleveur, des combinaisons assez variées dans le régime, pour lui permettre de fournir abondamment à tous les besoins de la consommation, en produisant les espèces de chevaux qui sont réclamées par les différens services d'industrie et de luxe auxquels on emploie ces animaux.

Après avoir résumé ainsi les vérités que j'ai cherché à établir dans ce mémoire, il faut bien reconnaître que nous en sommes encore, en France, à ce point où nous avons à créer de toute pièce l'art d'appliquer les procédés de la culture alterne, et les changemens de régime alimentaire qui en dérivent, à la production des chevaux de telle ou telle classe.

Il existe cependant quelques faits isolés qui peuvent

servir de guide dans la création de cet art déjà si avancé chez nos voisins. C'est à réunir ces faits que doivent tendre les efforts des hommes qui voudront se livrer à la tâche de hâter la marche de l'amélioration : la récente introduction dans divers cantons du royaume, de telle ou telle espèce de prairie artificielle, a apporté des modifications dans les formes des races indigènes ; il faut constater avec soin la nature de ces modifications, pour une espèce de plante donnée, et en prenant en considération la nature du régime antérieur. Il en sera de même de tous les résultats obtenus, soit dans un canton, soit dans une exploitation particulière, par l'effet de tout changement dans le régime des animaux, survenu à la suite de l'introduction de quelque culture nouvelle, ou de quelque nouveau procédé agricole. On devra s'efforcer, et ceci sera peut-être le plus difficile dans beaucoup de cas, d'isoler les modifications apportées ainsi aux races de chevaux par les changemens de régime, de celles qui peuvent être le résultat de croisemens avec d'autres races ; car la connaissance des effets des appareillemens, est beaucoup plus avancée en France que celle des résultats des changemens dans le régime, et l'on ne peut parvenir à obtenir quelques données positives dans celle-ci, qu'en étudiant ces faits dans les circonstances où les effets ne sont pas compliqués par d'autres influences.

Si les propriétaires qui se livrent à l'éducation des chevaux, et les vétérinaires instruits, qui sont déjà très-nombreux sur tous les points du royaume, s'attachaient à recueillir les faits de ce genre qu'ils ont été à portée d'observer, et s'ils les rendaient publics par la voie des ouvrages périodiques, qui sont consacrés aux matières de ce genre, il en résulterait certainement déjà une foule de connaissances très-précieuses ; et en continuant ces sortes de publications, à mesure que le développement du système de culture alterne qui commence à s'établir sur plusieurs points de la France, fournira des matières à de nouvelles observations, on formera promptement, d'une multitude de faits isolés, contrôlés les uns par les autres, les élémens d'un art qui mettrait la nation française en état, non seulement de se suffire à elle-même pour la production des chevaux dont elle a besoin, mais d'obtenir au plus bas prix possible, pour chaque service, la taille, les formes et les qualités qui lui conviennent le mieux. Aussi long-temps que l'on se contentera de poursuivre ce but par l'effet des seuls croisemens, les résultats ne répondront jamais complètement aux efforts des éleveurs; mais lorsqu'on placera en première ligne, parmi les moyens d'améliorations, le régime des animaux, et par conséquent le système agricole qui seul détermine le régime, on obtiendra incontestablement des succès que l'on n'a pas même osé espérer jusqu'à ce jour.

§ XIII. *Moyens employés par le gouvernement pour encourager la production des chevaux.* — Le travail que j'ai entrepris se terminerait ici, s'il ne me semblait indispensable d'examiner rapidement les moyens par lesquels l'administration publique s'est efforcée jusqu'ici de provoquer et de hâter l'amélioration des races de chevaux. Cette partie de ma tâche sera la plus pénible; car je serai trop souvent entraîné à énoncer des opinions diamétralement opposées à celles qui semblent avoir dirigé les mesures de l'administration; cependant j'exprimerai mes idées avec une entière franchise et sans aucune réserve, parce que, dans la situation actuelle de l'art agricole en France, au moment où une tendance manifeste porte cet art vers l'adoption graduelle de méthodes plus variées et mieux adaptées à tous les besoins de la société, il me semble qu'il est d'une très-haute importance que l'on se forme des idées nettes sur ce sujet, et que l'on apprécie avec exactitude la part d'influence que le gouvernement pourrait exercer, soit pour accélérer, soit pour retarder la marche de l'industrie qui a pour objet l'application des nouveaux procédés agricoles à l'amélioration des races de chevaux. Je passerai donc successivement en revue les diverses institutions formées jusqu'ici pour l'encouragement de cet art.

§ XIV. *Courses publiques de chevaux.*—On connaît déjà mon opinion sur les *courses publiques* de chevaux, je les considère comme un spectacle donné aux habitans des villes, spectacle moins sanguinaire que les combats de coqs ou de taureaux, mais ne présentant guère plus d'utilité. Je sais bien qu'ici je diffère essentiellement d'opinion avec des hommes très-recommandables et très-instruits, et je n'ignore pas les motifs sur lesquels ils fondent la leur; mais il m'est impossible de m'en rapprocher : je demeure convaincu qu'en observant la marche de l'amélioration de la race du cheval en Angleterre, on s'est mépris en prenant pour cause de cette amélioration une institution qu'elle a amenée comme circonstance accessoire, dans une branche particulière de cette amélioration, et qui a trouvé des racines, d'abord dans le besoin particulier à la nation anglaise de chevaux destinés à la chasse, besoin qui a donné un haut prix à la vitesse des animaux; et ensuite dans le goût particulier des Anglais pour le jeu des paris, qu'il n'est pas très-important de naturaliser chez nous.

Pour que l'on pût considérer les courses comme un bon moyen d'améliorer la race du cheval en général, il faudrait qu'il fût établi que le cheval qui demeure vainqueur dans les courses, sera toujours aussi celui qui réunira au plus haut degré les qualités que l'on recherche pour les autres genres de service que la course, ce qui n'est certes nullement fondé. On dit que le meilleur coureur sera nécessairement un animal très-vigoureux, bien constitué, ne portant dans la poitrine ni dans les autres viscères, aucun germe de lésion; cela est vrai, si l'on entend par *bien constitué*, celui qui présente les formes les plus favorables pour un développement très-rapide et très-étendu de l'appareil locomoteur, dans l'allure du galop; mais ces formes sont-elles bien les mêmes qui feront le plus beau et le meilleur trotteur au carrosse, ou le cheval qui réunira pour la selle, soit au pas, soit au galop, les allures les plus douces, les plus agréables et les plus élégantes? Le cheval qui montre le plus de vélocité dans une course d'un quart d'heure ou d'une demi-heure, sera-t-il toujours celui qui résistera le mieux et le plus long-temps à des marches journalières forcées, sous le poids du cavalier armé, et aux privations auxquelles il pourra être exposé dans les opérations militaires? Sera-t-il celui qui conviendra le mieux au service du roulage, des postes, etc.? Si l'on répond affirmativement à ces questions, je conçois que l'on puisse considérer les courses comme un *critérium* propre à faire reconnaître l'étalon le plus propre à l'amélioration de la race; mais s'il faut chercher les qualités les plus précieuses pour les autres genres de service, ailleurs que dans les formes et l'organisation qui assure à l'animal une extrême vitesse, il demeurera certain que les courses ne sont utiles qu'à l'amélioration de la race des chevaux destinés aux courses elles-mêmes, ou à créer dans l'amélioration de la race du cheval une industrie à part, qui n'a que des rapports très-indirects avec les autres genres de service.

Au reste, si dans mon opinion les courses de chevaux présentent peu d'utilité pour l'amélioration générale des races, du moins c'est un genre d'encouragement qui ne tend pas à entraver la marche de l'amélioration, autant que le font, je le crois, quelques-unes des institutions dont il me reste à parler; et puisque le gouvernement consacre des fonds à soutenir l'Académie royale de musique, je ne veux pas critiquer l'emploi de ceux qui sont destinés à l'institution des courses de chevaux, considérées comme spectacle public; mais croire que l'on fait ce sacrifice dans l'intérêt de l'agriculture, est à mes yeux une inconcevable déception.

On invoque en faveur des courses, l'utilité de l'emploi des chevaux de race pure dans les croisemens, pour produire d'autres espèces de chevaux, et en particulier les chevaux de carrosse, comme on le fait en Angleterre, en donnant des étalons de cette race à des jumens flamandes. Il est certain qu'une alliance de ce genre pourra souvent produire d'excellens résultats; mais ici encore, l'extrême vitesse de l'étalon n'est certainement pas la circonstance la plus importante du choix que l'on doit en faire; et il n'y a pas eu besoin de courses publiques pour former notre belle et excellente race de chevaux normands, ni la race limousine, ni les races de diverses provinces espagnoles, qui se distinguent par leur supériorité pour le service de la selle. Je regarde comme probable que l'établissement de courses publiques dans les pays où ces races ont été produites, n'eût pu servir qu'à les gâter, parce qu'elles auraient eu pour résultat de faire placer en première ligne une qualité qui ne doit être que secondaire; et que l'on eût été disposé à lui sacrifier celles qui font le mérite spécial de ces diverses races.

§ XV. *Primes d'encouragement.* — Les primes d'encouragement accordées publiquement et avec appareil aux éleveurs qui ont obtenu des succès dans l'amélioration, paraissent, au premier aperçu, un moyen mieux calculé d'encourager les progrès de cet art. Le gouvernement, beaucoup de conseils généraux et des Sociétés agricoles consacrent des fonds à cet objet. Presque toujours on propose des prix ou des primes aux personnes qui présenteront les plus beaux élèves, les plus beaux étalons, ou les plus belles jumens; mais on peut demander quelle idée présente cette expression : *le plus beau poulain, la plus belle pouliche*, etc.? Si l'on prend pour juge du concours un jury composé de maîtres de poste, le plus bel animal à ses yeux sera celui qui annoncera, par ses formes, qu'il fera un mallier de première force et un beau trotteur; si l'on consulte des rouliers, le jugement sera déjà différent; enfin si le prix est adjugé par des amateurs de chevaux, comme c'est ordinairement le cas, l'animal le plus élégant et le plus fin obtiendra certainement la couronne; et presque toujours on ne dissimule pas même que c'est ce seul genre de beauté que l'on désire encourager. Cependant quelques conseils généraux et quelques Sociétés agricoles ont divisé la masse des primes en plusieurs classes, pour en appliquer une partie aux chevaux de selle, une autre aux chevaux de trait, etc.; c'est là certainement un retour vers une marche plus raisonnable, non seulement parce qu'elle tend à accorder du moins une part des encouragemens aux races qui sont réellement les plus utiles, mais aussi parce qu'elle finira par faire disparaître la confusion que l'on semble se plaire à introduire dans les idées de *beauté* relativement au cheval. Si nous appliquons le mot de beauté aux formes d'un animal, il est certainement raisonnable de désigner par cette expression les formes qui, en garantissant la vigueur de sa constitution, le rendent le plus éminemment propre au service auquel il est destiné. Que les peintres se créent, s'ils le veulent, une beauté idéale, qui ne résulte que des formes qui présenteront le plus d'élégance dans un tableau; quant à nous dont le but est de produire des animaux consacrés à une utilité réelle, nous ne devons considérer comme beauté que les formes qui concourent le plus directement à cette utilité; la beauté d'un *cheval de course* diffère de celle d'un *cheval de roulage*, comme la beauté d'un *lévrier* diffère de celle d'un *braque*, celle d'un chien *courant* de celle d'un chien de *berger*. C'est seulement dans l'enfance de la production, ou lorsque tous les animaux d'une espèce sont employés au même service, que l'on a pu se faire des idées absolues de la beauté dans cette espèce; mais à mesure que, par les progrès de l'industrie, on a tiré des services différens de la même espèce d'animaux, on a senti la nécessité de créer des races particulières appropriées à ces différens services; et dès ce moment, les idées de beauté doivent s'appliquer pour chaque race, aux formes les mieux appropriées à ce service. Ainsi, en Angleterre, dans les races de bêtes à cornes destinées spécialement à la boucherie, on désigne par *beauté*, des formes entièrement différentes de celles qui portent ce nom, dans les races destinées à la production du lait. Il doit en être entièrement de même pour les chevaux, et dans l'état actuel de notre industrie pour la production de ces animaux, il n'est plus possible de parler de beauté d'une manière absolue, et sans spécifier le genre de cheval auquel on prétend appliquer cette expression.

Au reste, indépendamment de la confusion qui résulte de l'expression de *beauté* appliquée vaguement au cheval, sans désignation d'espèce, ce mot donne lieu encore à des erreurs très-graves et à peu près inévitables, dans la distribution des primes, parce que, dans une espèce déterminée, le poulain qui frappe le plus par sa beauté dans une exposition, n'est pas du tout celui qui doit former un jour le meilleur cheval, mais presque toujours celui qui se présente avec le plus de grâce, qui offre le poil le plus luisant, et ces formes arrondies qui plaisent toujours à l'œil; en sorte que les distributions de primes tendent à créer un art de préparer les poulains pour l'exposition, de même que l'on prépare les chevaux pour la course; et c'est à l'habileté dans cet art que les primes seront presque toujours accordées, beaucoup plus qu'aux qualités réelles des animaux.

D'ailleurs, où trouvera-t-on à former un jury composé d'hommes placés dans la société, de manière à ne pas laisser le moindre prétexte aux soupçons d'influence exercée par les noms des concurrens, et cependant assez connaisseurs pour savoir démêler, classer et apprécier les qualités réelles des animaux présentés;

sans se laisser imposer par les apparences que sait créer l'art du maquignonage? La difficulté de former des jurys à l'abri de tous soupçons d'erreur ou de partialité, soit dans la préférence à donner à une espèce sur une autre, soit par rapport aux considérations individuelles relativement aux concurrens, suffirait seule pour faire rejeter le système des primes; car elles produisent beaucoup plus de mal que de bien, toutes les fois que l'opinion de la masse des concurrens ne confirme pas la décision des juges; et si l'on observe les faits, on reconnaîtra certainement que c'est le cas le plus ordinaire, et même qu'il ne peut guère en être autrement en supposant le jury le plus consciencieux. M. *Huzard* fils, dans un excellent travail ayant pour titre, *Des Haras domestiques*, etc., me semble avoir parfaitement bien reconnu et exposé les inconvéniens des primes d'encouragement; et je pense comme lui, que c'est un moyen sur lequel l'expérience a suffisamment prononcé aujourd'hui, et auquel il serait fort utile que l'on renonçât. Le véritable encouragement à produire un bon cheval, c'est, comme pour tous les autres genres d'industrie, l'espoir fondé de le bien vendre; et si ce stimulant n'a pas paru suffisant dans beaucoup de cas, c'est que, par l'effet d'une autre erreur puisée dans des idées systématiques, on s'est trop souvent efforcé de donner à l'industrie une direction peu lucrative pour elle.

§ XVI. *Étalons approuvés.*—Les étalons approuvés, pour lesquels on accorde aux propriétaires une prime annuelle, seraient encore un genre d'encouragement dont on pourrait obtenir des résultats utiles, dans le cas où cette faveur serait toujours accordée sans partialité, et où l'espèce des étalons serait bien choisie pour la localité, quoique le plus difficile ne soit pas, pour les éleveurs, d'avoir un étalon qui leur convienne, mais bien de soumettre la race au régime qui lui convient, soit parce que la matière manque pour ce régime, soit parce que l'on ne connaît pas la combinaison dans laquelle on doit l'employer. Cependant il arrive assez souvent que l'étoffe existe, et qu'il ne manque que le patron; dans ce cas il pourrait être utile d'accorder des encouragemens à celui qui vient l'apporter. Je pense, au reste, que l'on devrait laisser les éleveurs entièrement libres de choisir la race de l'étalon qu'ils présentent à l'approbation; je sais bien que des conseils éclairés leur seraient souvent fort utiles; mais il faudrait que les motifs de ces conseils ne fussent jamais puisés que dans l'intérêt même des producteurs, et que l'on en écartât toute idée systématique qui les éloignerait de la route que doit invariablement suivre l'industrie, et qui a pour but de produire de préférence ce qui est le plus demandé. Ici, l'intérêt du producteur et celui du consommateur sont entièrement d'accord, et tout ce qui tend à écarter l'industrie de cette route, se place en opposition avec l'intérêt général du pays.

C'est seulement, au reste, dans le commencement de l'amélioration, que l'on pourrait trouver des avantages réels à conserver l'institution des étalons approuvés; car toutes les fois que la marche naturelle de l'amélioration ne sera pas arrêtée ou entravée par d'autres mesures mal combinées, cette industrie deviendra bientôt lucrative, et le saut des meilleurs étalons, si on ne leur oppose pas maladroitement une concurrence redoutable, se paiera bientôt sans difficulté à un prix assez élevé pour que la prime devienne entièrement superflue, et pour que le gouvernement puisse abandonner à la libre industrie, le soin de choisir les étalons et de les offrir aux éleveurs. Je ferai remarquer ici que c'est bien à tort que quelques personnes ont cru voir dans le prix le plus élevé du saut, un obstacle à l'amélioration; c'est au contraire là l'indice le plus certain de la tendance des éleveurs vers les perfectionnemens : aussi rien n'est plus mal conçu que ce qui tend à empêcher que le propriétaire d'un très-bel étalon en tire une rétribution proportionnée à son mérite. Je ne sais pas si nous arriverons jamais à ces prix qui nous semblent exagérés, et qui sont si communs en Angleterre, pour le saut d'un étalon distingué dans son espèce; mais il faut certainement favoriser par tous les moyens possibles, l'émulation qui devrait s'établir de cette manière entre les propriétaires d'étalons et de jumens.

§ XVII. *Haras royaux et dépôts d'étalons.* — Les haras et dépôts d'étalons appartenant au gouvernement, forment le pivot autour duquel roulent toutes les espèces d'encouragemens qu'il croit devoir accorder pour l'amélioration des races de chevaux; c'est donc ici qu'il convient d'examiner l'esprit qui a présidé à la fondation de tout l'édifice : il est certain, et l'on ne cherche même guère à le dissimuler, qu'en organisant cet ensemble d'encouragemens, le but principal que l'on a eu en vue et que l'on poursuit avec persévérance, est de favoriser et d'encourager spécialement la production des chevaux de selle. L'espèce des chevaux de carrosse a quelquefois trouvé grâce devant l'administration des haras; mais lorsqu'il est arrivé qu'elle s'est abaissée jusqu'aux chevaux de trait, c'était par une concession dont on a tellement restreint les limites, que l'on ne peut y voir qu'une exception au principe dont on a voulu faire la base de l'institution des haras.... Est-il utile à la production des chevaux en général, à l'intérêt public ou à celui du gouvernement, qu'il s'efforce ainsi, par tous les moyens qu'il a à sa disposition, d'imprimer à l'amélioration des races une tendance spéciale vers la production des chevaux de selle ?... Cette question semble avoir été résolue affirmativement sans aucune hésitation; mais cette solution a-t-elle été le résultat d'un examen approfondi ?... Le principal argument sur lequel on s'appuie est celui-ci : la production des chevaux de trait est suffisamment encouragée par les demandes et la facilité des débouchés, tandis que les producteurs de chevaux de selle trouvent difficilement des acheteurs pour leurs produits ; c'est donc vers ces derniers qu'il convient de diriger les encouragemens, car sans cela, la race des chevaux de selle serait bientôt perdue en France. Ce raisonnement, traduit en d'autres termes, équivaut à ceci : les chevaux de selle sont les moins utiles de tous, et ceux dont la France a le moins de besoin ; ainsi c'est la production de cette espèce de chevaux qu'il importe le plus d'encourager... En effet, si cette espèce de chevaux est moins demandée que les autres, n'est-ce pas uniquement parce que la société en éprouve moins le besoin ?.... Le fait sur lequel on s'appuie dans ce raisonnement, est très-fondé et très-digne de remarque. Partout où il se trouve à vendre un bon cheval de trait, de poste ou de diligence, les acheteurs ne manquent pas, et rien n'est plus facile que de trouver un prompt débouché pour tous les chevaux de cette espèce qu'un éleveur peut produire ; les prix varient généralement de 4 à 800 fr., et même davantage, selon la taille et les formes. Mais pour les chevaux de selle, rien n'est plus difficile que de trouver un amateur : si nous laissons en dehors les races très-distinguées, qui, comme je l'ai dit, ne peuvent être l'objet de la production agricole, il n'est pas d'éleveur qui ne sache qu'il vendrait plus promptement vingt chevaux de trait qu'un seul cheval de selle ordinaire, et qu'il les vendrait même à des prix relativement plus élevés, quoique la production des chevaux de selle ne lui présente pas, dans leur application à ses travaux, les mêmes avantages que celle des chevaux de trait. Ce rapport si contraire à l'ordre naturel dans les prix des chevaux de diverses espèces, et cette énorme différence dans la facilité des débouchés, prouvent incontestablement qu'il y a chez nous interversion dans la production des espèces, relativement au besoin de la consommation, et que, soit parce que l'on ne sait pas, soit parce que l'on ne peut pas faire autrement, on produit en France une multitude de chevaux conformés pour la selle, au lieu des chevaux de trait ou de poste que réclameraient les besoins de la consommation.

§ XVIII. *Écoles d'équitation.* — Il paraît que cette vérité n'a pas échappé aux observations de l'administration des haras ; car elle se plaint souvent que le goût de l'exercice du cheval disparaît de jour en jour en France; et c'est pour arrêter les progrès de ce mal, qu'elle a créé des écoles royales d'équitation. Ainsi c'est pour des cavaliers qui n'existent pas que l'on veut multiplier la race des chevaux de selle ; et c'est pour consommer les chevaux de cette espèce qui existent déjà en trop grand nombre, que l'on veut former des hommes de cheval... et cela pendant que le service du trait, des postes et des messageries réclame des chevaux vivement recherchés par le commerce, parce que nous ne les produisons pas en nombre suffisant, et que l'élévation des prix des meilleurs animaux de cette classe, oblige souvent d'y employer des chevaux qui y sont peu propres par leur conformation, pendant que l'agriculture emploie à ses travaux, sur plusieurs points du royaume, des chevaux propres à la selle, dont elle ne peut trouver de débouché.

Il m'est vraiment impossible d'assigner aucun motif raisonnable à ces efforts dirigés contre l'ordre naturel des choses. Cette direction imprimée à la production des chevaux, nuit à l'industrie productrice, qu'elle écarte de la route tracée par ses véritables intérêts ; elle nuit également à la masse des consommateurs, en les privant des espèces de chevaux qui leur présenteraient plus d'utilité, ou en les obligeant à les payer à des prix trop élevés ; elle nuit même essentiellement à la production des chevaux fins ou chevaux de race, qui, comme je l'ai dit, restera toujours en dehors de l'agriculture, en faisant naître à leur préjudice une concurrence disproportionnée avec les besoins, tandis que les animaux de cette espèce ne pouvant se produire qu'avec beaucoup de dépense, devraient naturellement atteindre à des prix très-élevés. Qu'un prince ou un particulier opulent se livre à l'éducation des chevaux de race pure, c'est certainement là un goût très-noble, et plus utile que le luxe des ameublemens ou de la table ; mais qu'il conseille à ses fermiers de l'imiter, c'est à peu près comme s'il les engageait à remplacer leurs blés et leurs trèfles par la culture des *dahlias* et des *camélias* qui font les délices de ses jardins et de ses serres, et qui se vendent aussi quelquefois dans le commerce, à des prix que pourrait envier un planteur de pommes de terre. Quant au gouvernement, si l'on venait me dire que dans les encouragemens qu'il distribue, il doit avoir pour but tout autre chose que les besoins réels de la population, si l'on voulait changer en une question de faste et d'ostentation, une question d'utilité publique, de richesse et de prospérité nationale, alors je ne la discuterais plus, parce que je ne la comprends pas.

§ XIX. *Intérêt du gouvernement relativement aux remontes.* On a souvent aussi appuyé la convenance des encouragemens spéciaux donnés à la production des chevaux de selle, sur les besoins du gouvernement en chevaux de cette espèce, pour la remonte de la cavalerie ; mais si le gouvernement a des besoins, il se présente sur les marchés comme acheteur, et par le fait seul de ses demandes, il exerce sur la production, et concurremment avec les autres besoins de la société, une influence proportionnée à la masse de ses propres besoins. Est-il convenable ou utile qu'à côté de cette influence naturelle et raisonnable, il développe encore un autre mode d'action, afin d'intervertir les proportions naturelles de la production ? rien ne me semble plus contraire aux saines idées d'économie publique. Le gouvernement a intérêt d'obtenir au plus bas prix possible les chevaux nécessaires à la remonte de la cavalerie et par conséquent de multiplier dans le pays les chevaux de cette espèce. Mais si l'on veut exprimer cet intérêt par des chiffres, à quelle somme pense-t-on que se porterait annuellement l'économie qu'obtiendrait l'administration sur le prix de ses remontes; en supposant qu'il abaisserait artificiellement de 100 fr. le prix de chaque tête de cheval, ce qui est certainement exagéré, cette économie se porterait-elle à un million? Cela supposerait l'achat annuel de 10,000 chevaux en terme moyen, et ce chiffre n'est pas, je crois, très-éloigné de la vérité. Mais que serait donc cette économie annuelle d'un million, mise en balance avec les pertes incalculables auxquelles on assujétit l'agriculture et tous les genres d'industrie qui emploient des chevaux, en intervertissant l'ordre naturel de la production, afin d'obtenir la création des espèces qui présentent le moins d'avantage et d'utilité aux producteurs et aux consommateurs; et pour ne considérer que l'intérêt matériel du gouvernement, est-il un seul homme d'état qui puisse douter qu'en altérant ainsi une des principales sources de la richesse publique, il ne perde sur toutes les branches de ses revenus, infiniment au-delà de ce que l'on voudrait lui faire gagner par une action dirigée ainsi à rebours des intérêts de la prospérité publique?... Mais pourquoi toute cette argumentation, et n'aurais-je pu me contenter de demander s'il est raisonnable d'acheter cette économie d'un million par une dépense annuelle de près de deux millions que l'on consacre à l'encouragement de la production des chevaux de selle?

N'est-il pas bizarre, au reste, de voir que, pendant que le gouvernement se complaît à prodiguer des encouragemens très-coûteux à la production des chevaux de selle, dans l'intérêt de ses remontes, a presque toujours négligé de faire usage du moyen d'action si puissant et si naturel que lui procureraient ces remontes elles-mêmes, pour agir sur la production intérieure, en faisant ses achats dans le pays, au lieu d'acheter annuellement à l'étranger tous les chevaux qu'exige le service de la cavalerie? En effet, il semble qu'il existe parmi les agens de l'administration supérieure une telle répugnance à opérer en France les achats pour les remontes, qu'elle a fait pendant long-temps tout ce qui dépendait d'elle pour pouvoir s'autoriser, à cet égard, d'une prétendue impossibilité; en 1828 encore, l'administration, pressée par des réclamations devenues trop nombreuses pour que l'on pût se dispenser d'y apporter quelque attention, se détermina à essayer d'acheter à l'intérieur des chevaux de remonte. On publia cette annonce en Lorraine; mais par une bizarrerie inexplicable, on restreignit la demande à des chevaux destinés à l'arme des carabiniers, c'est-à-dire à l'espèce qu'il eût été impossible de trouver dans le pays. En 1829, on a procédé plus raisonnablement : on a demandé aux cultivateurs des départemens de la Meurthe et de la Moselle, des chevaux propres a la remonte de la cavalerie légère, et l'on a obtenu un succès qui aurait dû faire disparaître bien des illusions, et qui peut faire pressentir à quel point il sera possible d'arriver, lorsque les cultivateurs de ce pays, avertis de ce nouveau débouché par la continuation des demandes pendant quelques années, auront eu le temps de se mettre en mesure d'y satisfaire.

§ XX. *Progrès de l'amélioration des chevaux dans l'ancienne province de Lorraine.* — Il ne sera pas déplacé que je présente ici, à l'occasion de ce fait, quelques considérations sur l'espèce des chevaux et les circonstances de la production dans l'ancienne province de Lorraine : j'y trouverai naturellement l'application de plusieurs idées que j'ai émises dans le cours de ce mémoire. Les chevaux de l'espèce qui existait presque exclusivement en Lorraine, il y a environ cinquante ans, sont petits, conformés pour la selle beaucoup plus que pour le trait; mais nerveux, sobres, excessivement durs à la fatigue, et supportant facilement les courses longues et rapides, pourvu qu'ils ne soient pas surchargés de trop lourds fardeaux; mais cette espèce était abrutie dès long-temps et rapetissée par la misère de l'assolement triennal. L'introduction du trèfle dans cette partie du royaume ne paraît pas remonter au-delà de soixante ou quatre-vingts ans; dans les commencemens, cette culture ne fit que des progrès extrêmement lents, et ce n'est guère que depuis une vingtaine d'années qu'elle a commencé à s'étendre. L'amélioration de l'espèce des chevaux a fait précisément les mêmes progrès que la culture du trèfle; et il est fort intéressant de remarquer, par l'observation des faits, dans toute l'étendue de cette province, avec quelle promptitude les races se modifient avec les changemens de régime : c'est dans la *Lorraine allemande* et la *vallée de la Seille,* au nord-est de la province, que s'est introduite d'abord, et que s'est répandue avec le plus de rapidité la culture du trèfle et ensuite de la luzerne; là, l'ancienne race des chevaux lorrains est à peine reconnaissable; elle a pris plus de taille, des formes plus distinguées, et plus d'étoffe, sans avoir rien perdu des excellentes qualités qui la distinguent. Sur tous les autres points de la province, des changemens analogues ont eu lieu, à mesure que dans une commune, dans un canton, ou même chez un seul cultivateur, le trèfle ou la luzerne sont venus modifier l'état de choses qui avait amené la dégradation de l'espèce. Et il est remarquable qu'à mesure que cette amélioration fait des progrès, les cultivateurs perdent graduellement ces habitudes d'incurie et d'insouciance sur le choix des étalons, qu'on leur reproche si souvent et si amèrement : aussi long-temps qu'ils ont été condamnés par les circonstances de leur culture, à ne produire que des chevaux dépourvus de toute valeur vénale, et qui ne pouvaient servir qu'à fournir misérablement à leurs propres besoins, ils ont mis très-peu d'importance au choix des formes, et le hasard réglait à peu près seul les accouplemens; mais ceux d'entre eux à qui il est devenu possible de produire des chevaux destinés à la vente, n'ont pas tardé de s'apercevoir que, par le choix de l'étalon, ils pouvaient leur donner une plus grande valeur, et la plupart d'entre eux mettent aujourd'hui un grand soin à ce choix, soit qu'ils prennent les étalons parmi les plus beaux chevaux de la race du pays, soit qu'ils fassent saillir leurs jumens par des étalons du haras de Rosières, soit qu'ils prennent dans les races comtoises ou ardennaises, les mâles destinés à la propagation. Ces différences apportent d'importantes modifications dans les résultats; et l'on remarque d'une manière frappante le mélange du sang comtois dans les parties méridionales de la province, de même que le mélange de la race ardennaise dans la partie septentrionale. Dans ces deux cas, la race du pays est devenue beaucoup plus propre au service du trait, mais conserve assez de légèreté pour le service ordinaire de la selle, et pour présenter encore d'excellens chevaux à la remonte de la cavalerie légère, quoiqu'il s'en trouve déjà beaucoup qui seraient plus propres au service de l'artillerie. Lorsque les cultivateurs ont procédé à l'amélioration sans croisement étranger, mais en choisissant leurs étalons dans la race du pays, modifiée par le seul changement du régime, ils ont produit ce que l'on peut appeler la race lorraine améliorée, race généralement un peu moins étoffée que celles qui proviennent des croisemens dont je viens de parler, mais cependant assez pour rendre de bons services dans l'agriculture, et qui, par sa taille, par ses formes et par sa vigueur, est parfaitement appropriée aux remontes de la cavalerie légère. Cette classe de chevaux est déjà très-nombreuse en Lorraine, et le nombre s'en accroît tous les jours.

Les trois modifications que je viens d'indiquer dans la race des chevaux lorrains, peuvent être rapportées à cette espèce de chevaux que j'ai désignée dans le cours de ce mémoire, sous le nom de *chevaux intermédiaires*, qui, moins fins que les chevaux de selle proprement dits, sont cependant encore très-propres à ce service, et qui peuvent aussi être employés avec quelque avantage au service du trait. Il est incontestable que c'est uniquement dans cette classe que le gouvernement peut trouver en grand nombre et à des prix modérés, à remonter sa cavalerie; car ce serait une étrange illusion que de croire que l'agriculture consente jamais à produire des chevaux de selle proprement dits, et qu'elle ne pourrait pas employer à ses propres travaux, en nombre suffisant pour que le gouvernement pût y trouver une ressource de quelque importance. La première condition d'une production abondante, c'est qu'elle se fasse avec profit pour le producteur; et le seul moyen que les cultivateurs puissent trouver pour produire les chevaux à bas prix, c'est de chercher dans les circonstances mêmes de la production, c'est-à-dire dans l'emploi des animaux à leurs propres usages, tous les avantages qu'ils peuvent y rencontrer. Cette espèce de chevaux intermédiaires offre d'ailleurs à la cavalerie des animaux d'un excellent service, et auxquels, sous le rapport de la légèreté et de la vitesse, il ne manque rien de ce que peuvent exiger les manœuvres militaires et la marche la plus rapide d'une armée en campagne; et je suis assuré qu'un régiment de chasseurs monté de chevaux de cette espèce, se ferait distinguer en campagne, de manière à assurer aux chevaux lorrains une supériorité non équivoque. Par la suite, le gouvernement trouvera certainement dans cette race une ressource fort importante pour la remonte de sa cavalerie : en effet, d'après les documens recueillis par l'administration, il existe dans le seul département de la Meurthe, à peu près égal en étendue à celui de la Moselle, 12,600 jumens, dont 2,600 seulement atteignent à la taille de 4 pieds 6 pouces; mais que manque-t-il aux 10,000 jumens chétives de cette espèce, pour produire de bons chevaux de remonte? Est-ce du sang étranger?... Nullement, c'est seulement une nourriture plus abondante et un meilleur régime. Et de plus, à mesure que la culture des prairies artificielles gagne du terrain, non seulement les chevaux deviennent successivement propres à ce service, mais le nombre relatif des jumens s'augmente, parce que les cultivateurs, en voyant s'accroître leurs moyens de nourriture, trouvent dans l'éducation des chevaux un profit nouveau pour eux; et lorsque le système de culture alterne s'établira complètement, l'accroissement sera encore bien plus considérable. Nous pouvons donc supposer, sans crainte de dépasser des limites raisonnables, que si les méthodes de culture alterne étaient établies dans les départemens de la Meurthe et de la Moselle, qui composent l'ancienne Lorraine, le nombre des jumens propres à fournir des chevaux adaptés au service de la cavalerie légère ou de l'artillerie, y serait au dessus de 30,000, ce qui pourrait facilement fournir à une remonte annuelle de 6 à 8,000 chevaux, si les besoins du gouvernement l'exigeaient. On voit par là que le principal moyen par lequel cette province et plusieurs autres du royaume, pourraient être amenées à offrir au gouvernement des ressources fort supérieures à tous ses besoins ordinaires pour les remontes, consiste dans la continuation annuelle des achats de chevaux, achats qui peuvent seuls encourager la production; et, du côté des cultivateurs, l'extension de la culture des prairies artificielles, et l'amélioration générale du système agricole, forment la route par laquelle ils parviendront à se mettre en état de suffire à ses demandes. Quant à des croisemens avec d'autres races, je ne prétends point qu'ils soient inutiles, mais ils sont certainement d'une importance très-subordonnée; et sans l'emploi d'aucun moyen de ce genre, on pourrait, sans aucun doute, arriver à des résultats très-satisfaisans, et assurer à la France un approvisionnement en chevaux propres au service de la cavalerie, fort supérieur à tous les besoins que l'on peut supposer.

§ XXI. *Influence locale du haras de Rosières.* — C'est cependant par des croisemens de ce genre, et en offrant aux cultivateurs des étalons tirés du dehors, que l'on s'est uniquement efforcé jusqu'ici d'exercer une action sur la production des chevaux dans le pays. C'est ici que je dois placer ce que j'ai à dire de l'influence exercée jusqu'ici par le haras de Rosières, dont j'ai parlé plus haut : ce haras n'est pas seulement un des plus beaux établissemens du royaume; c'est encore un de ceux qui sont dirigés avec le plus de zèle et d'intelligence; et si l'homme estimable, aux soins duquel il est confié, n'a pu atteindre à un plus haut degré d'utilité pour le pays, ce n'est certes pas faute d'avoir appliqué à son administration des connaissances positives très-étendues sur la matière, et cette assiduité persévérante dans les soins de détail qui peuvent assurer le succès d'un établissement. Aussi je pense que l'on peut bien regarder les résultats obtenus par le haras de Rosières comme le maximum de ce qu'il était possible d'espérer, dans la direction imprimée par l'administration supérieure aux établissemens de ce genre. Ces résultats sont très-réels et très-sensibles : sur tous les points du département où les étalons du haras ont été employés, mais surtout dans les environs de Rosières, où les cultivateurs font plus fréquemment usage de ces étalons, on distingue parfaitement, dans un grand nombre de productions, chez les simples fermiers, ces caractères particuliers de noblesse d'origine qui distinguent les étalons de l'établissement, plus ou moins rapprochés presque tous, par leurs formes, du type oriental qui forme toujours le point de mire dans l'esprit qui dirige les haras royaux. C'est donc avec raison que l'administration s'est plue quelquefois à s'applaudir des succès qu'elle avait obtenus par l'influence du haras de Rosières.

Mais voyons maintenant quelle a été l'influence réelle de ces succès sur la production du pays, c'est-à-dire, sur l'intérêt matériel des producteurs. A régime égal dans l'éducation des animaux, le prix de ces produits ennoblis par le sang arabe, est-il plus élevé que celui des chevaux moins fins, plus étoffé, et par conséquent plus propres au service du trait ? Les cultivateurs se plaignent, au contraire, qu'ils trouvent très-difficilement à se défaire d'un cheval fin, à un prix moindre que celui qu'ils obtiendraient facilement de tous les élèves qu'ils pourraient produire en chevaux plus propres au service du trait. En effet, à moins qu'on ne s'élève à cette classe de chevaux d'une haute distinction dont un très-petit nombre obtient des prix très-élevés de quelques amateurs des grandes villes, le cheval de selle commun est certainement celui que l'on paie le moins, parce que c'est la classe pour laquelle il existe le moins de demandes. D'un autre côté, les cultivateurs n'ont certes rien gagné à cet ennoblissement des animaux, dans l'emploi qu'ils en font à leurs travaux ; il arrive même très-souvent, et l'administration du haras s'en plaint amèrement, que des animaux distingués naissent chez des fermiers qui ne peuvent leur donner les soins qu'exigeraient ces races délicates. Le gouvernement n'a pas gagné davantage à ce changement dans la race, pour les remontes qu'il pourrait faire dans le pays ; car ces chevaux fins, en supposant même qu'ils soient élevés avec les plus grands soins, ne vaudront pas mieux pour le service de la cavalerie que ceux qui seraient provenus des mêmes jumens saillies par des étalons de la race ordinaire du pays. Si ces derniers ont moins de noblesse dans les formes, ils n'auront certainement aucune infériorité, ni dans la taille, ni dans les qualités essentielles aux services; et je suis convaincu qu'ils conserveront une grande supériorité dans l'aptitude à supporter les fatigues et les privations.

Il est résulté de là qu'un grand nombre de cultivateurs, malgré la modicité du prix auquel on leur offre les saillies des étalons du haras, préfèrent constamment se procurer, pour leur propre usage, des étalons, soit de la race lorraine, soit des races ardennaises ou comtoises; et plusieurs de ceux que l'on a déterminés à employer les étalons de Rosières, reconnaissent tous les jours leur erreur, et donnent la préférence à d'autres races.

Je sais bien qu'il est un petit nombre d'éleveurs qui s'empressent de déclarer qu'ils ont lieu de s'applaudir des résultats qu'ils ont obtenus en ennoblissant la race de leurs chevaux, et que l'on se complaît à citer tel cultivateur qui, entretenant à grands frais, en dehors de son train de culture, quelques animaux très-distingués, et y apportant des soins incompatibles avec les occupations des dix-neuf vingtièmes des fermiers, a vendu, à des prix très-élevés, deux ou trois chevaux remarquables par leur beauté, et pour lesquels il serait impossible de trouver un débouché, si le département en produisait seulement une centaine chaque année, parce que le nombre des acheteurs, pour les animaux de cette classe, est excessivement borné.

Mais c'est ici que je dois dire que le haras de Rosières, loin d'exercer aucune influence favorable sur la production des chevaux dans le pays, lui a nui au contraire d'une manière essentielle, en imprimant à la production une direction entièrement opposée à l'intérêt des producteurs. En effet, il existe parmi les fermiers, dans chaque département, dans chaque canton, un certain nombre de ces hommes disposés à sortir des sentiers battus, et à se livrer à des améliorations : relativement à l'élève des chevaux, c'est des hommes de ce genre que la masse des cultivateurs peut recevoir, par l'exemple, une impulsion vers l'amélioration de la race. Si, par des faveurs personnelles, par des moyens efficaces d'encouragement *ad hominem*, vous vous emparez de ces hommes; si par des achats particuliers de poulains, ou par d'autres moyens dont l'administration peut toujours disposer, vous faites une opération profitable pour eux de ce qui ne peut l'être pour la généralité, parce que la masse des faveurs est bornée; si vous en faites ainsi des appeaux destinés à engager leurs confrères dans une route où ils ne peuvent trouver de profit, vous imprimez à la production une direction qui ne peut que lui être nuisible.

Je ne veux pas blâmer ici ces faveurs personnelles qu'un directeur de haras se plaît à répandre autour de lui, sur quelques éleveurs qui secondent les vues de l'administration, en s'engageant avec dévouement dans la route qu'elle leur trace; il est clair, au contraire, qu'ils ne pourraient pas, avec convenance, refuser un appui efficace à ces éleveurs; mais je pense que ces faveurs, qui ne sont qu'une conséquence forcée de la marche que suit l'administration, ne forment, pour la production en général, qu'un fanal trompeur, par lequel on la dirige dans une route entièrement opposée à ses vrais intérêts.

Les éleveurs dont je viens de parler sont presque toujours les mêmes hommes qui, s'il n'existait pas de haras ou dépôts d'étalons royaux, dirigeant sur un autre plan l'amélioration de la race du cheval à laquelle ils sont ordinairement portés par goût, se placeraient à la tête de l'amélioration de la race du pays, en lui donnant une direction vraiment lucrative, c'est-à-dire, en produisant l'espèce d'animaux dont le débouché est le plus avantageux et le plus assuré. Ce serait presque toujours chez eux que l'on trouverait de beaux étalons propres à ce genre d'améliorations, et la réputation qu'acquerraient ces étalons, ferait certainement porter à un prix élevé les saillies que viendraient leur demander les autres cultivateurs. Mais aujourd'hui, comment serait-il possible que personne pût songer à cette spéculation, en s'exposant à la concurrence des étalons royaux? Il en résulte que si un assez grand nombre de cultivateurs entretiennent des étalons pour le service de leurs propres jumens, comme ils ne peuvent espérer de tirer des saillies une rétribution de quelque importance, ils attachent peu de prix à se procurer des étalons très-distingués dans leur espèce ; et l'amélioration réelle de la race du pays souffre essentiellement, sous ce rapport, de la concurrence mal calculée que le gouvernement établit.

Tels sont, dans leur état actuel, les haras royaux, que je n'ai considérés que comme dépôts d'étalons, parce qu'on ne peut réellement discuter leur utilité que sous ce point de vue. En effet, si l'on voulait considérer ces établissemens comme haras, c'est-à-dire, comme destinés à produire annuellement, comme ils le font aujourd'hui, une cinquantaine de poulains, dont un quart peut-être formeront des chevaux de quelque distinction, et qui tous reviendront à coup sûr à un prix quadruple de celui auquel on aurait pu acheter de très-beaux chevaux, je ne pense pas qu'il se trouve aujourd'hui personne qui soit disposé à défendre l'utilité de ces établissemens. Je crois qu'il en est de même des achats de poulains, faits par l'administration chez les cultivateurs, sous le prétexte d'encourager la production de ces animaux, achats insignifians, toujours dirigés par la faveur, emportant presque toujours l'accusation de partialité dans les choix, et décourageant en conséquence les cultivateurs beaucoup plus qu'ils ne les encouragent. Je ne présume pas qu'il se rencontre, de nos jours, beaucoup de personnes disposées à engager le gouvernement à adopter ce moyen de se procurer des chevaux, en les élevant avec des dépenses infiniment supérieures, au prix auquel il pourrait les acheter tout formés.

§ XXII. — *Ce qu'on pourrait attendre de l'industrie abandonnée à elle-même.* Il me semble donc que dans tout cet ensemble d'établissemens formés par le gouvernement pour produire, élever ou entretenir des chevaux à son compte, il n'y a absolument rien que l'on puisse raisonnablement approuver. *Mais*, dira-t-on, *on va donc abandonner la production à l'incurie des cultivateurs!..... Ne voit-on pas qu'ils ne peuvent se procurer eux-mêmes les étalons nécessaires à l'amélioration de leurs races?* etc., etc., etc.... Mais pourquoi donc en serait-il autrement ici que dans toutes les autres branches d'industrie, où l'intérêt personnel forme, pour tous les individus, un stimulant suffisant pour les déterminer à s'efforcer de produire l'objet qui est le plus demandé, c'est-à-dire, celui qui est le plus conforme à l'intérêt général, qu'ils produisent?.... Ces reproches d'incurie, d'ignorance, que l'administration prodigue si souvent aux cultivateurs, n'auraient-ils pas leur principale source dans la répugnance qu'ils témoignent à se laisser diriger dans une route qui n'est ni celle de leur intérêt particulier, ni celle de l'utilité générale?..... Lorsque l'on a la prétention d'administrer les biens d'un autre mieux qu'il ne pourrait le faire lui-même, il faut bien déclarer qu'il est incapable de gérer ses propes affaires; mais aucun genre d'industrie n'a jamais rien gagné à se laisser ainsi assujétir aux lisières que l'administration croyait devoir lui imposer. Quant à moi, j'affirme, avec une conviction qui résulte d'une longue observation des faits, que ces cultivateurs ne sont ni aussi sots, ni aussi aveugles sur leurs vrais intérêts, que l'on voudrait le faire croire, et que, toutes les fois que le régime auquel ils peuvent soumettre leurs animaux, leur permet de faire de l'élève du cheval une spéculation lucrative, ils savent porter, au choix de l'étalon, et aux autres précautions nécessaires pour obtenir de bons élèves, toute l'attention qu'ils réclament. On s'appuie quelquefois, pour prouver la nécessité des étalons entretenus par le gouvernement, de la difficulté que rencontre l'administration, à trouver chez des particuliers, des étalons qui méritent les *primes d'approbation* qu'offre le gouvernement; mais comment ne voit-on pas que l'institution de ces primes elle-même n'a été rendue en quelque sorte nécessaire que par la concurrence qu'établit le gouvernement dans la spéculation des étalons, par ceux qu'il entretient pour son propre compte? Et, si dans l'état actuel des choses, les primes ne sont pas même suffisantes pour déterminer les propriétaires à former une spéculation qui ne peut offrir ni intérêt ni profit, il faut bien se garder d'en conclure que cette spéculation serait négligée, si elle était abandonnée à la libre concurrence de l'industrie; il n'est pas douteux, au contraire, que, sans qu'il fût besoin d'aucune prime d'approbation, on ne vît bientôt les bons étalons des races les plus recherchées par le commerce se multiplier chez les cultivateurs, parce que les propriétaires de jumens trouveraient un avantage réel à payer à un prix raisonnable les saillies des animaux qui leur promettraient des élèves d'une vente assurée; mais il n'en sera ainsi que lorsque les circonstances agricoles viendront favoriser l'amélioration des races, car sans cette condition, ces étalons seraient inutiles.

§ XXIII. *Système des gardes étalons.* Quelques personnes qui ont bien reconnu tous les inconvéniens que présente le mode actuel d'entretien des étalons du gouvernement, ont proposé de revenir au système des *gardes étalons* qui étaient en usage dans le siècle dernier. Il ne me paraît pas douteux que ce moyen ne soit préférable au système actuel, parce que cela exigerait du gouvernement une dépense beaucoup moins considérable ; mais j'y vois toujours l'inconvénient le plus grave de ce système, qui est de tirailler l'industrie dans une direction que l'on voudrait lui faire regarder comme plus favorable à ses intérêts, que celle qu'elle est naturellement disposée à prendre : tant que le gouvernement voudra se charger lui-même du choix des étalons, pour imposer ceux de telle espèce à telle localité, il méconnaîtra cette vérité qui commence à être si bien reconnue aujourd'hui, savoir, que l'industrie privée est bien plus éclairée qu'il ne peut l'être lui-même, sur la direction qu'elle doit prendre, et que ce n'est jamais en prétendant lui dicter des lois sur le but qu'elle doit se proposer, que l'on a réussi à faciliter ses développemens et ses progrès.

§ XXIV. *Direction la plus convenable des moyens d'amélioration de la part du gouvernement.* — De quelque manière que l'on s'y prenne, je ne sais s'il serait possible au gouvernement d'exercer utilement une influence directe sur l'amélioration des chevaux dans le pays ; et les moyens les plus efficaces par lesquels il puisse hâter indirectement cette amélioration, seraient certainement ceux qui attaqueraient dans leur base les obstacles qui s'y opposent ; et s'il est vrai, comme il ne me paraît pas possible d'en douter, que le principal obstacle, je dirais presque l'obstacle unique, se rencontre dans l'impossibilité d'obtenir aucun succès dans ce genre, sans l'amélioration préalable du régime des animaux, ou, en d'autres termes, du système agricole qui forme toujours la base de ce régime, il demeure évident que c'est vers l'amélioration de l'agriculture, c'est-à-dire, vers l'extension graduelle du mode de culture alterne, que l'on devrait diriger, en première ligne, les mesures qui ont pour but l'accroissement et l'amélioration dans la production des chevaux.

Dans quelque genre que ce soit, l'industrie a toujours devant elle une route qui n'est nullement arbitraire, et que nul ne peut diriger à son gré, mais qui lui est tracée par les circonstances de la production et par les besoins de la consommation; jamais les efforts du gouvernement n'ont obtenu de succès, pour l'encouragement d'une branche particulière d'industrie, si ce n'est lorsque, découvrant la direction de cette route, et se plaçant lui-même en avant de la marche industrielle, il s'est occupé seulement de dégager la route des obstacles qui l'embarrassaient. Si, au contraire, il veut, d'après des idées systématiques, contraindre l'industrie à prendre la direction qu'il prétend lui tracer; si, soit par des réglemens prohibitifs ou restrictifs, comme on en a tant vu, soit comme cela a lieu dans le cas des haras et dépôts d'étalons, par une concurrence destructive de la liberté industrielle, et par des excitations impérieuses, il élève la prétention de donner à la production telle direction qu'il lui plaît de croire plus conforme ou à l'intérêt général ou à son intérêt particulier; alors, non seulement tous les efforts qu'il fait dans cette direction sont perdus, mais il apporte à la production un dommage incalculable, en entravant sa marche, dans la route que la nature des choses lui traçait.

Comme exemple du bien que le gouvernement peut faire, lorsque, apercevant une route où les circonstances appellent l'industrie, il prend le soin de la lui aplanir et de lui faciliter les moyens de la suivre sans gêner en rien son développement dans les autres directions qu'elle pourrait préférer, je citerai ici l'établissement royal de Rambouillet : si l'on pouvait calculer le nombre de millions que la fondation de cet établissement a ajouté à la richesse nationale par l'acquisition de la race mérine à l'agriculture française, on trouverait sans doute que chaque écu dépensé pour le former a produit quelque milliers de francs. Dans une tentative ainsi conduite, il arrivera sans doute quelquefois que l'administration se sera trompée; mais alors la dépense seule qu'elle aura faite sera perdue; et si, dans dix essais de cette nature tentés d'une manière tant soit peu judicieuse, un ou deux seulement viennent à obtenir quelques succès, les avantages qui en résulteront dépasseront de beaucoup les dépenses occasionnées par les tentatives infructueuses. Sans sortir du cercle des encouragemens donnés en France à la production des animaux domestiques, je puis citer encore les écoles vétérinaires qui, répondant à un besoin réel de l'industrie, ont peut-être produit, pour l'amélioration de la race des chevaux, autant de bien que l'administration des haras lui a, dans mon opinion, fait de mal.

Aujourd'hui, il me paraît bien démontré que les moyens qui, de la part du gouvernement, pourraient favoriser avec le plus d'efficacité la production des chevaux et l'amélioration des races, seront ceux qui tendront à hâter les développemens de l'art agricole, parce que c'est bien dans cette direction que se trouve la route qui est tracée à cette industrie par l'état présent des choses.

Résumé. — 1° Dans l'état actuel de la civilisation et de l'industrie, l'espèce de chevaux qui trouve le moins d'emploi et dont il est le moins utile de favoriser la propagation, est le cheval de selle proprement dit. C'est, au contraire, vers l'amélioration et la multiplication des chevaux de trait de diverses classes que doit tendre l'industrie productrice, parce que c'est là que se rencontrent les principaux besoins de la population.

2° Le gouvernement ne peut puiser pour les remontes de la cavalerie que dans la classe des chevaux intermédiaires, c'est-à-dire, de ceux qui sont propres à la fois au service du trait et à celui de la selle, et c'est dans cette classe que sont pris tous les chevaux qu'il fait acheter à l'étranger pour cet usage.

3° Dans une grande partie du royaume, les races indigènes appauvries et dégradées par un régime misérable, s'améliorent avec une grande rapidité, et deviennent propres aux usages de la cavalerie et au service du trait, aussitôt qu'on peut leur administrer une nourriture plus abondante, plus substantielle et plus variée. Cette amélioration progressive de nos races indigènes fournira par la suite au gouvernement le moyen de satisfaire largegement à tous les besoins des remontes.

4° Le changement de régime est la base essentielle de cette amélioration, et les croisemens ne doivent être considérés que comme un moyen accessoire.

5° Le régime des animaux découle nécessairement du système agricole adopté dans le pays; ainsi les perfectionnemens de l'agriculture sont la base fondamentale de l'amélioration de la race du cheval, comme celle des autres espèces d'animaux domestiques, et l'amélioration des races de chevaux en Angleterre et en Allemagne, y a été la conséquence nécessaire de l'introduction des systèmes de culture alterne.

6° Dans le système d'assolement triennal sans prairies artificielles, l'état de dégradation des races de chevaux n'est que le résultat forcé de la nature des choses, et il n'y a là aucune amélioration possible sans un changement dans le mode de culture.

7° Avec l'assolement triennal modifié par l'introduction des prairies artificielles, les races de chevaux éprouvent déjà, par le seul effet du changement de régime, des améliorations très-remarquables. Mais ce n'est qu'au moyen de l'introduction du système complet de culture alterne, que l'amélioration des races de chevaux et la propagation de l'espèce peuvent atteindre à tout leur développement.

8° Les moyens que le gouvernement a cru devoir employer jusqu'ici pour favoriser la production des chevaux et l'amélioration des races, ont été constamment dirigés à rebours des intérêts des consommateurs et des besoins du pays, relativement aux choix des races que l'on a voulu propager ; mais en supposant que cette direction eût été plus raisonnable, tous les moyens de ce genre auraient encore été inutiles et inefficaces, car l'amélioration des races et la multiplication des chevaux dépendent essentiellement des perfectionnemens généraux de l'agriculture, et en seront la conséquence nécessaire.

FIN.

NANCY, IMPRIMERIE D'HÆNER.

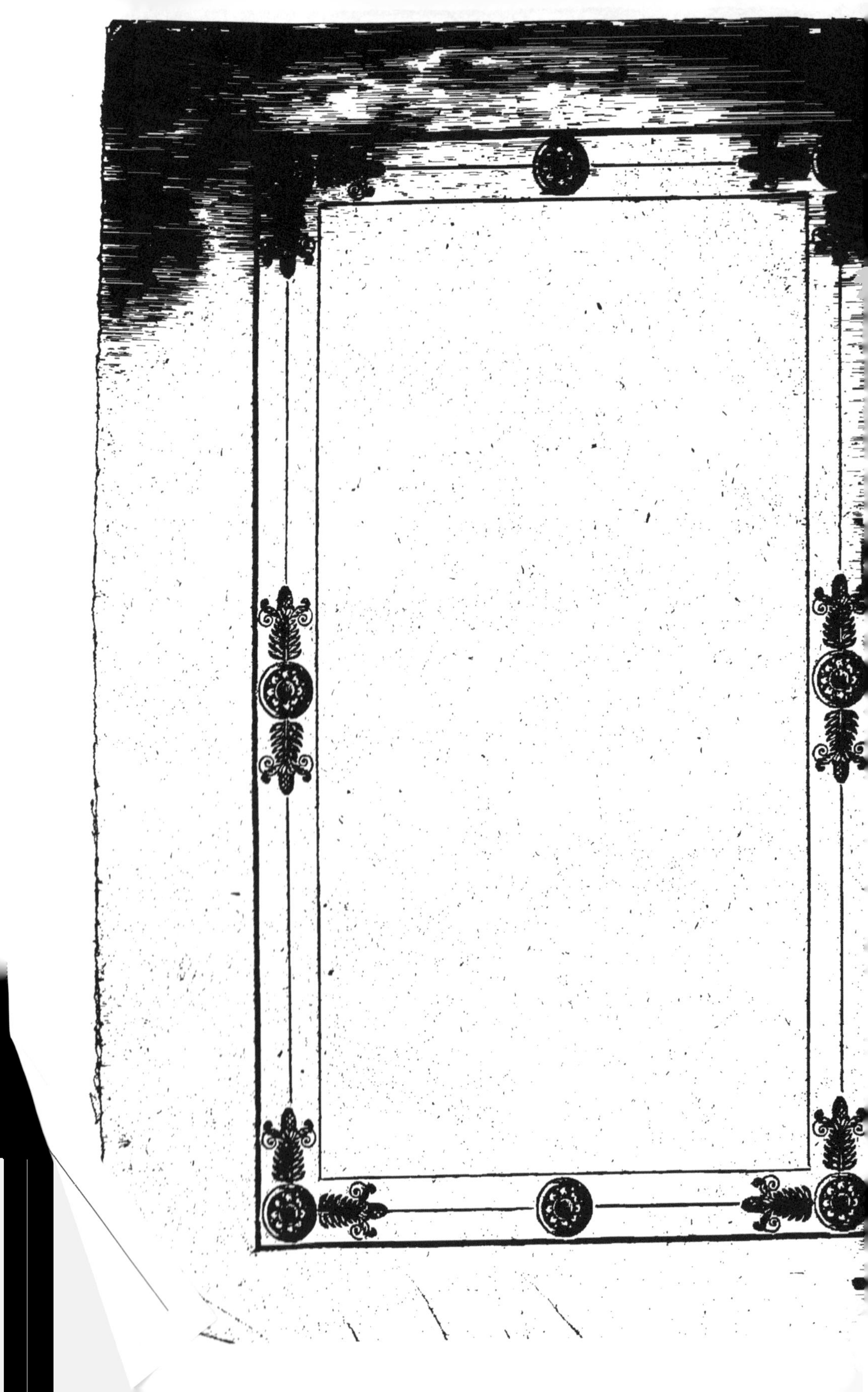

www.ingramcontent.com/pod-product-compliance
gram Content Group UK Ltd.
'eld, Milton Keynes, MK11 3LW, UK
W020212200726
UKWH00004B/1339

9 782011 910004